『十二五』职业教育国家规划立项教材

国学教养教育丛书

立体化教材

丛书主编 宋婕

茶藝理論與實踐

第二版

主　编 王奕芬

副主编 董方明

中国人民大学出版社

·北京·

图书在版编目（CIP）数据

茶艺理论与实践 / 王奕芬主编．--2 版．-- 北京：中国人民大学出版社，2024.1
（国学教养教育丛书）
ISBN 978-7-300-31580-5

Ⅰ．①茶… Ⅱ．①王… Ⅲ．①茶文化－中国 Ⅳ．①TS971.21

中国国家版本馆 CIP 数据核字（2023）第 056521 号

“十二五”职业教育国家规划立项教材
国学教养教育丛书
茶艺理论与实践（第二版）
主　编　王奕芬
副主编　董方明
Chayi Lilun yu Shijian (Di'erban)

出版发行	中国人民大学出版社		
社　址	北京中关村大街 31 号	邮政编码	100080
电　话	010－62511242（总编室）		010－62511770（质管部）
	010－82501766（邮购部）		010－62514148（门市部）
	010－62515195（发行公司）		010－62515275（盗版举报）
网　址	http://www.crup.com.cn		
经　销	新华书店		
印　刷	北京瑞禾彩色印刷有限公司	版　次	2014 年 5 月第 1 版
开　本	787mm × 1092mm　1/16		2024 年 1 月第 2 版
印　张	14	印　次	2024 年 1 月第 1 次印刷
字　数	273 000	定　价	49.00 元

21世纪以来，人们开始倡导“素质教育”。“素质教育”也可以理解为知识性的，如果是“知识教育”，近代至今并不缺少，何需重提呢？那么，倒不如以“教养教育”取代“素质教育”，更能应合现代社会的急迫需要。

现代社会面对的主要问题，毫无疑问是过度张狂的利欲追求问题。这种过度张狂、毫不掩饰的利欲追求，其思想渊源可以追溯到西方近代像霍布斯、洛克等一批人物的理论构造。西方近代的这些思想家们，以“自然状态”为口号把人从神的禁制下解放出来，以“每个个人”为口实把个人从等级统治中解救出来；由之，在“自然状态”下“每个个人”的共同性，便得以而且亦只可以归结为“好利恶害”“趋乐避苦”等一些功利性的追求。如果说，近代思想家们在与中世纪被视为“黑暗时代”的抗争中自有其进步意义，那么，在它以个人利欲追求为中心打开的俗世化路向越往现代走来，便越显得肆无忌惮与不择手段。每个个人再也无所畏惧；个人与他人，个人与社会，种族与种族，国家与国家，为获取最大利益而不得不处于无休止的对抗中。人类为自身的利益毫无节制地掠夺自然，同时也使人与自然的关系陷于日益紧张的状态。

难道这就是“人”？这就是人类的“理想”？人就只能生存于永无终了的利欲争夺，备受由争夺带来的喜怒哀乐的折磨？庄子在所作的《齐物论》篇曾经叹息：“一受其成形，不亡以待尽。与相刃相靡，其行尽如驰，而莫之能止，不亦悲乎！”难道这是人愿意选择的生存处境吗？

面对现代社会人类生存的这种困境，若要从中“出走”，毫无疑问需要重新回到“人是什么”“如何才能成为人”这些基本问题。这正是“教养教育”回应的问题。“教养教育”的宗旨，就在于要把人塑造成有超越功利的价值理想、对人类与自然世界有责任担当、有精神气质与心性涵养的一类人。

而在“教养教育”的实施方面，中国古典文化能够提供极其丰富的思想资源。中国上古社会，殷商时期还是以自然血统纽带建构起来的，入周以后即开启了“人文化成”的大格局。这一转变，恰恰体现了人“由自然向社会生成”的转变。人作为社会人必须被“文化”，由是需要“教养教育”。“教养教育”通过各级学校实施。教育的内容，依《礼记·王制》所述：“乐正崇四术，立四教，顺先王《诗》《书》《礼》《乐》以造士。春秋教以《礼》《乐》，冬夏教以《诗》《书》。”所教以《诗》《书》《礼》《乐》为科目，这便是“教养教育”。

由“教养教育”开创的时代，日本学者本田成之曾美称：

此时学问与艺术完全融合，所谓艺术的教育的时代，是把人世的本身艺术化了的周朝的、“郁郁乎文哉”的时代的想象……这样，较人间的杀伐性，使四海悉至于礼乐的生活，则是所谓“比屋可封”的理想的社会里。尤其是重音乐的大司乐时代，是周代文化达于最高调之时。①

由“教养教育”所造之“士”，则极为国学大师钱穆所赞赏：

大体言之，当时的贵族，对古代相传的宗教均已抱有一种开明而合理的见解。他们对于人生，亦有一个清晰而稳健的看法。

当时的国际间，虽则不断以兵戎相见，而大体上一般趋势，则均重和平，守信义。

外交上的文雅风流，更是表现出当时一般贵族文化上的修养与了解。

即在战争中，犹能不失他们重人道、讲礼貌、守信让之素养，而有时则成为一种当时独有的幽默。道义礼信，在当时的地位，显见超出于富强攻取之上。《左传》对于当时各国的国内政治，虽记载较少，而各国贵族阶级之私生活之记载，则流传甚富。

他们理解之渊博，人格之完备，嘉言懿行，可资后代敬慕者，到处可见。春秋时代，实可说是中国古代贵族文化已发展到一种极优美、极高尚、极细腻雅致的时代。②

春秋之后，中国古典社会也不时为功利与权力的争夺所困迫，以《诗》《书》《礼》《乐》为主导的“教养教育”也间或有所中断。然每一个新政权建立，都必当以恢复“教养教育”为重要使命。中国古典社会得以“礼乐文明”著称，毫无疑问即由“教养教育”营造。

当然，社会的现代走向，自有社会发展自己的内在逻辑，社会结构如何才来得

---

① ［日］本田成之．中国经学史．上海：上海书店出版社，2001：45.

② 钱穆．国史大纲：上．北京：商务印书馆，1996：71.

更“公平”，也自有社会演变自身的某种脉络。“教养教育”面对社会的这种“现代性”，无疑需要有所调适。但是，人之为人，人要成为人，人要讲求精神教养，讲求风流典雅，对他人、社群、自然要承担责任，这是任何时代都不可或缺的。

正是出自社会对“教养教育”的需要，广州城市职业学院成立国学院，致力于培养既有人文涵养和精神追求，又有一技之长的高素质人才，以期古典优秀文明得以持守和传播，使学生既能立人也能立业。进而，国学院院长宋婕教授组织力量，编撰这套关涉中国古典思想、古典艺术的理论与实践的丛书，以为“教养教育”的开展提供丰富资源，其努力更加可贵。

因之，我特撰本文衷心祝贺这一套丛书的出版，并期盼广大读者从中获得良好教益！

中山大学哲学系
冯达文

中国是茶的原产地，是茶文化的故乡。在国人数千年茶之品饮过程中，茶不仅是物质生活中必不可少的解渴饮料，更是文化生活中精致风雅的一部分。随着科学技术的发展，对茶的研究由茶叶的外观深入到茶叶的内质，从单纯味觉的享受发展到内含成分的利用，茶一直在动态发展，茶的魅力长盛不衰。

中华优秀传统文化源远流长、博大精深，是中华文明的智慧结晶，我们必须坚定文化自信，坚持古为今用、推陈出新，推动实现中华优秀传统文化的创造性转化、创新性发展。中华茶文化融儒释道文化之哲学思想，蕴藏着中华民族“天人合一”的文化精髓，是中华优秀传统文化的重要组成部分。正是在“如何实现中华优秀传统文化的创造性转化、创新性发展”的思考中，我们在中国人民大学出版社的支持下，对《茶艺理论与实践》教材（该教材于 2014 年由中国人民大学出版社出版，深受读者欢迎，并作为“国学教养教育丛书”之一获评“十二五”职业教育国家规划教材）进行了修订。

本次修订坚持理论和实践相统一，力求寓教于乐，追求学以致用。具体从三个方面作了修订：

其一，在内容上作了比较大的调整，从原来的“中国茶叶发展简史”“茶叶的诞生”“茶叶的审评”“茶艺及茶叶的冲泡”“茶艺流派及各国茶艺演示形式”“茶席设计”六篇精简为“茶叶篇”“茶艺篇”“茶席篇”“茶会篇”四篇，系统介绍了茶叶的基础知识、茶的冲泡及品饮、茶席的设计及运用、茶会的策划及举办，使学生全面了解和掌握识茶、鉴茶、品茶、事茶的全过程。

其二，在结构上作了比较大的调整，每篇分为知识讲解、技能实操、案例赏析及实训任务四个模块，使学生除通过知识讲解、案例赏析掌握茶相关理论知识外，又可通过技能实操、小组实训，增强对所学内容的体认，激发创新能力，提升整体人文素养。

其三，增加了课程思政内容。在每篇的知识讲解、技能实操、案例赏析模块，分别设定了知识、技能、素质三大目标，使学生于循序渐进中提升综合素质。

本书内容丰富，图文并茂，注重理论与实践相结合，突出实用性、操作性，不仅可作为中高职院校学生传统文化选修课程辅助教材，也可供茶文化爱好者日常学习、阅读之用。

本书由高级茶艺技师、评茶师王奕芬担任主编，负责拟定全书编写提纲和统稿工作。本书第一、二篇由董方明编写，第三、四篇由王奕芬编写。本书在编写的过程中，借鉴了众多前人的资料及研究成果，在此对原作者表示由衷的感谢。为了各篇内容有更好呈现，书中部分绘画及图片都是出自好友毫不悭吝的支持。在此，向提供绘画作品及图片的陈洁、陈舒珊、阮桂源、罗素、三十三号茶院、喜悦汇、茶叶星球、臻字号等好友及企业一并致以诚挚的谢意！

主编

第一篇　茶叶

第二篇 茶艺

第三篇 茶席

第四篇 茶会

第一篇 茶叶

知识讲解

学习目标

1. 了解茶树起源及茶树品种。
2. 了解茶叶的分类及其加工工艺。
3. 熟悉六大茶类的名优茶品。
4. 熟悉六大茶类的品质特征。

一、茶树起源

“人生开门七件事，柴米油盐酱醋茶”“琴棋书画诗酒茶”，茶已完全融入了人们的日常消费和文化生活中。茶，根植于中华大地，是几千年中华文明发展的历史见证；茶，移植至他乡，是中外文化传播交融的媒介。茶，提升了我们的物质生活，亦影响了我们的精神生活。茶文化，既是中华文化的一种国粹，也是中华文化对世界文化的一项重大贡献。

云南古树茶园

我国是茶的原产地，既是最早发现、利用和人工栽培茶树的国家，也是最早加工茶叶和茶类最为丰富的国家。当前遍布世界五大洲50多个国家和地区的茶种都直接或间接来源于中国，中国被誉为茶的祖国和茶文化的发源地。

（一）从字源学考察

从字源学考察，中国是世界上最早确立“茶”字字形、字音和字义的国家。“茶”字由

“荼”字简化而来。据史料记载，“荼”字最早出现于《诗经》，其中《谷风》《邶风》《郑风》等篇目共5处出现“荼”字。不过后世学者认为“荼”字一字多物，除指茶外，还指苦菜或其他草本植物。汉代，茶作为商品在社会上流通，由于四川是当时最大的茶叶集散地，带四川方言的茶、槚、蔎、荈、茗是当时流行的对“茶”的叫法，这种字体和称呼的不一给贸易带来诸多不便，统一称谓便提上了日程。到了中唐，陆羽在著述世界第一部茶叶专著《茶经》时，规范了茶的读音和书写符号，将“荼”字减去一画，一律改成“茶”字，使“茶”字从一名多物的“荼”字中独立出来，一直沿用至今，从而确立了一个形、音、义三者兼备的“茶”字，从此开创了茶文化的新纪元。

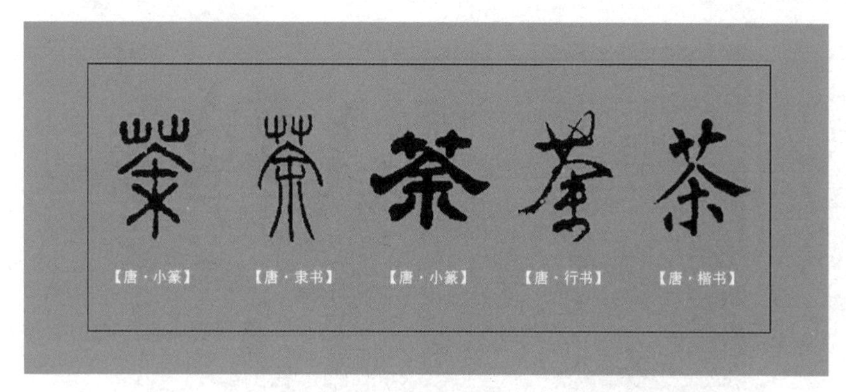

茶字不同字体

（二）从文物典籍考察

中国有世界上最古老、保存最多的茶文物和茶的典籍，有世界上第一本茶书。茶在中国的历史十分悠久，与茶相关的文物十分繁杂，诸如茶人、茶具、茶书、茶画、山泉，以及有关的茶文化遗址等。与茶的发现和利用紧密相连的神农氏，中国大地留有许多与他有关的遗迹。地处湖北、接近川陕交界处的神农架，是一个原始森林区，面积3 200多平方公里，最高海拔3 100多米，据初步统计，这里盛产包括茶叶在内的药材共130余种，这与“神农尝百草，日遇七十二毒，得荼而解之”的传说相符。四川名山区蒙山上清峰下的仙茶园，相传是西汉甘露三年吴理真手植，有茶七株，人称皇茶园，是人工栽培的最早茶园。浙江余姚的大岚山，是两千年前经西汉丹丘子指点“虞洪获大茗”之地。陆羽，是1 200年前世界上第一本茶叶专著《茶经》的作者。当年，陆羽考察茶情、传授茶风、探寻泉水所到之处，仍留有不少古迹。现存的江苏无锡惠山泉，传为陆羽品题，有元代赵孟頫书，号称天下第二泉。苏州虎丘的陆羽井，井口一丈见方，四壁镶石，俗称观音泉，也是陆羽当年烧水煮茶品茗之处。

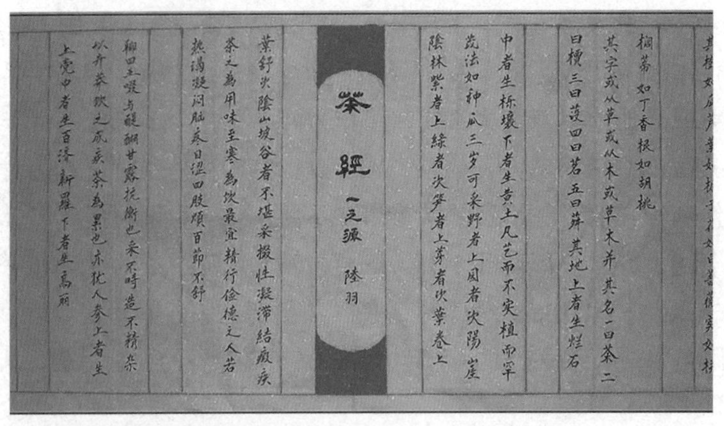

櫚蒂如丁香根如胡桃
其字或从草或从木或草木并 其名一曰茶二
曰檟三曰蔎四曰茗五曰荈 其地上者生爛石
中者生櫟壤下者生黄土凡艺而不实植而罕
茂法如种瓜三岁可采野者上园者次陽崖
陰林紫者上綠者次笋者上芽者次葉卷上

茶經 一之源 陸羽

葉舒次陰山坡谷者不堪采掇性凝滞結瘕疾
茶之爲用味至寒爲飲最宜精行儉德之人若
熱渴凝悶腦疼目澀四肢煩百節不舒
聊四五啜与醍醐甘露抗衡也采不時造不精杂
以卉莽飲之成疾茶爲累也亦犹人参上者生
上党中者生百济新羅下者生高丽

《茶经》

神农尝百草图

(三) 从现存史料考察

据现存史料记载，中国是世界上最早发现、利用和栽培茶树的地方。早在公元前 200 多年前秦汉时所成的词书《尔雅 · 释木篇》中就称:“槚，苦荼也。”在《周礼 · 地官》中记载有“掌荼”和“聚荼”，意即茶供丧事之用，从而可知在两千多年前茶叶就作为祭品被人们利用了。公元前 130 年左右，西汉司马相如在《凡将篇》中所记载的“荈”“诧”即指粗茶和细茶，茶叶已出现在药物名录中。公元前 59 年西汉王褒《僮约》中有“烹荼尽具”和“武阳买荼”之句，是指煮茶和买茶，表明茶叶在当时已是较为普遍的商品。276—324 年晋人郭璞注释《尔雅》中“槚”“苦荼”时说:“树小如栀子，冬生叶，可煮作羹饮。”说明当时人们已认识到茶树是一种常绿灌木和可用作羹饮的植物。唐代，将茶作为饮料，开始普及于长江南北。据唐陆羽《茶经》记载，唐代已有八个茶区，有了大规模的茶园。宋朝时茶树已分布到淮河流域和秦岭以南各省。据脱脱所撰《宋史 · 食货志》记载，北宋时 35 个州、南宋时 66 个州产茶，茶业已成为当时农业生产中一个重要项目了。

(四) 从古茶树树龄考察

中国西南地区又是世界上最早发现野生茶树和现存野生大茶树最多、最集中的

地方。早在三国《吴晋本草》引《桐君录》中，就有“南方有瓜芦木（大茶树），亦似茗，至苦涩，取为屑茶，饮亦可通夜不眠”之说。可见，我国早在1 700多年前就发现野生大茶树了。据不完全统计，目前我国有10个省区200多处野生大茶树，其中云南省树干直径在1米以上的大茶树就有十多处。例如：龙陵县的一株“老茶树”，树干直径达1.23米；凤庆县香竹箐古茶树基部干径1.85米、树高10.06米、树龄3 200年，是迄今世界上发现的最大的古茶树，也是现存最古老的栽培型茶树。

世界上现存最古老的茶树：云南凤庆香竹箐

二、茶树品种

茶树是一种叶子可用来制作茶叶的多年生木本、常绿植物。茶树在植物学分类系统中，属被子植物门、双子叶植物纲、原始花被亚纲、山茶目、山茶科、山茶属、茶树种。茶树品种目前普遍是按树型、叶片大小和发芽迟早三种主要经济性状进行分类。

（一）按树型分类

茶树品种按树型可分为乔木型茶树、小乔木型茶树和灌木型茶树。乔木型茶树是较原始的茶树类型，有明显主干，分枝部位高，通常树高3～5米，叶片大，叶片长度的范围为10～26厘米，多数品种叶长为14厘米以上。灌木型茶树没有明显主干，分枝较密且多近地面，树冠短小，通常树高为1.5～3米，叶片长度范围为2.2～10厘米。小乔木型茶树是进化类型茶树，基部主干明显，树高、分枝、叶片长度介于灌木型茶树和乔木型茶树之间。

乔木型茶树、小乔木型茶树和灌木型茶树

（二）按叶片大小分类

茶树品种按叶片大小可分为特大叶种、大叶种、中叶种和小叶种四类。特大叶种茶树是叶长 14 厘米以上、叶宽 5 厘米以上的茶树。大叶种茶树是叶长 10.1 ～ 14 厘米、叶宽 4.1 ～ 5 厘米的茶树。中叶种茶树是叶长 7 ～ 10 厘米、叶宽 3 ～ 4 厘米的茶树。小叶种茶树是叶长 7 厘米以下、叶宽 3 厘米以下的茶树。

特大叶种、大叶种、中叶种和小叶种

（三）按发芽迟早分类

茶树品种按越冬芽生长发育和春茶开采期发芽迟早可分为特早生种茶树、早生种茶树、中生种茶树和晚生种茶树四类。

特早生种茶树是越冬芽生长发育和春茶开采特早的茶树品种。因各茶区气候条件和茶类不同，其一般不用萌发日期或春茶开采期确定，而是用一定的物候标志所需的有效积温或活动积温来表示。特早生种茶树在江、浙茶区，为一芽三叶展需有效积温低于 60℃的品种，如乌牛早等。早生种茶树是一芽三叶展需有效积温 60℃～ 90℃的茶树品种，如福鼎大白茶、迎霜等。中生种茶树是一芽三叶展需有效积温 90℃～ 120℃的茶树品种，如浙农 12 号和黔湄 502 号等。晚生种茶树是一芽三叶展需有效积温大于 120℃的茶树品种，如政和大白茶和福建水仙等。

三、茶树生长环境

茶，属山茶科，叶革质，长椭圆状披针形或倒卵状披针形，边缘有锯齿；秋末开花，花 1 ～ 3 朵生于叶腋，白色，有花梗；蒴果扁球形，有三钝棱；产于中国中部至东南部和西南部，广泛栽培，性喜温润气候和微酸性土壤，耐阴性强。以上是现代植物学对茶的科学描绘，言简而意明。

茶树在生长过程中不断地与周围环境进行物质和能量的交换，其生长发育均需一定的环境条件。每一个生命最好的生存环境是在属于自己的生态链里。生态链越完整茶就越健康，茶的品质就会越好；生态链缺失得越多，茶的品质下降越多。茶树的生长环境条件，主要是指气候和土壤环境中的阳光、温度、水分、空气和土壤等条件的综合。茶树的生长和发育状况，取决于对这些环境条件的满足程度，只有当环境条件满足时，才能最大限度地发挥茶树的生长潜力。

茶芽、茶花、茶果

（一）阳光：喜漫射光畏暴晒

茶园光线

光照是茶树生长的首要条件。茶树由根部吸收水分和无机养料，并从空气中吸收二氧化碳，依靠绿色叶子在阳光的照射下进行光合作用。通过光合作用制造蛋白质、碳水化合物等有机物质，供茶树生长发育。光合作用制造有机物的整个过程是把阳光作为能量的源泉。没有阳光，光合作用便不能进行。茶树作为叶用植物，极需要阳光。日照时间长、光度强时，茶树生长迅速、发育健全、不易产生病虫害，且叶中多酚类化合物含量增加，适于制造红茶；反之，茶叶受日光照射少，则茶质薄、不易硬化、叶色富于光泽、叶绿质细、多酚类化合物少，适制绿茶。据研究，在适当减弱光照时，芽叶中的氮化物明显提高，而碳水化合物（可溶性糖和茶多酚等）相对减少，特别是在重要的含氮物质氨基酸的组成中，作为茶叶特征物质的茶氨酸、丝氨酸等在遮光条件下有明显的增长趋势，这就有利于成茶的收敛性增强和鲜爽度提高，且有利于芳香物质的形成，因此生长于高山密林或云雾之中的茶树往往可获得较优良的品质（内质好、香气高），如庐山云雾、黄山毛峰、狮峰龙井等。所以在一些日照强烈的地方适当种上一些树干高大、叶面宽阔的遮阴树，以减少直射光，不仅可以改善茶叶品质而且可以美化环境。科学实践表明，茶最喜欢被遮蔽掉 30% 左右的漫射光，就像儿童一样，喜欢不太稠密的大树底下的花太阳。

（二）温度：喜温怕寒

茶山生长环境

温度是茶树生命活动的基本条件。它影响着茶树的地理分布，也制约着茶树的生长发育速度。茶树性喜温暖，在南纬45度至北纬38度都可以种植。茶树生长最适温度是15℃～25℃。我国大部分茶区自清明（4月上旬）至霜降（10月下旬）以前，日平均气温都在20℃～30℃，正是茶树生长最适温时期，也是茶叶的采收季节。气温过高茶叶会被灼伤，气温过低根部就会停止生长，时间过长茶叶的根部也会发生萎缩。

（三）水分：喜湿怕涝

水分是茶树生命活动的必要条件。维持茶树正常的体温，营养物质的吸收、运输以及光合、呼吸作用的进行和细胞一系列的生化变化，都必须有水的参与。茶树生长需要年降水量在1 500毫米以上，空气相对湿度80%左右的地区较有利于茶芽发育及茶青品质。就多数茶区域看，年雨量在1 000～3 000毫米，年平均相对湿度在70%～80%，而且雨量分布均匀，湿度较稳定，尤其在3～10月生长季节平均月雨量达100～200毫米，相对湿度稳定在80%左右，就基本能满足茶树正常生长发育的需要。茶树需要比较湿润的环境，但若湿度过大，尤其是地下水位过高、土壤湿度过大时，通气不良，氧气缺乏，会产生硫化氢等有害物质，往往会阻碍根系的呼吸和养分的吸收，致使根部受害，吸收根减少，疏导根逐渐变为黑褐色进而腐烂枯死，不利于茶树生长发育。因此当地下水过高或积水时，应采取合理的排水措施，以利于茶树根系发育。如果地下水被工业或生活污水污染了，有酸雨的地方，对茶品质的影响也是致命的。

茶山溪水

（四）土壤：喜酸怕碱

土壤是茶树生长发育的营养，是提供水、有机肥和各种矿物质的场所。茶树适宜在土质疏松、土层深厚、通气和排水性能良好的微酸性土壤中生长，以酸碱度（pH值）4.5～6.5最为理想。茶树生长需要土层深厚，一般1米以上，其根系才能发育和发展；若土层浅、土质黏重，都会影响茶树根系发育。

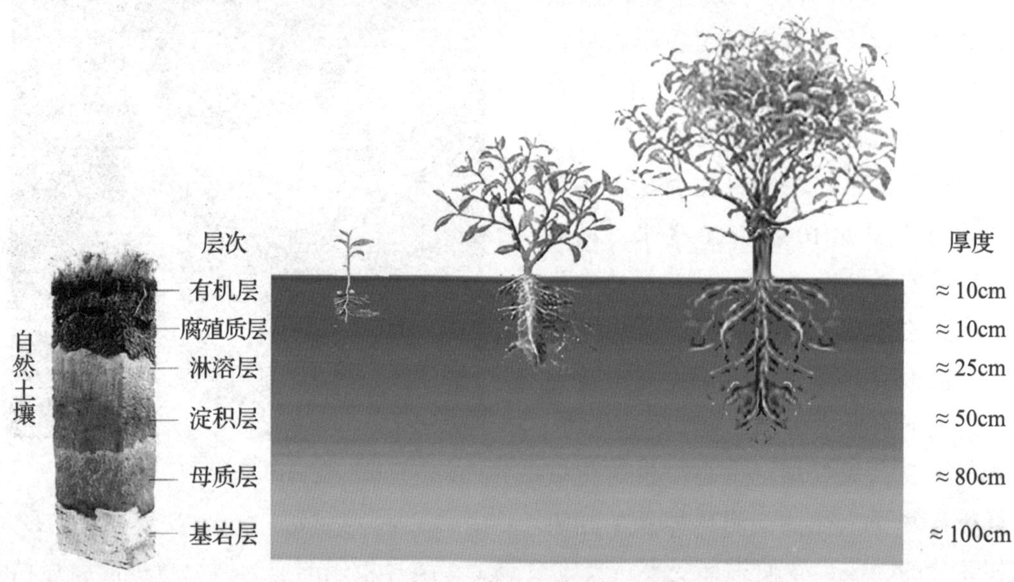

茶山土壤

四、茶叶的采摘与制作

（一）茶叶的采摘

茶叶采摘的对象是茶树新梢上的芽叶，采摘方法有手工采摘和机械采摘。手工采摘是传统的采摘方法，优点是采摘精细、芽叶标准，但采量比机械采摘少、成本高、工效低。目前生产高档名优茶仍然以手工采摘为主。机械采摘与手工采摘相比具有效率高、成本低等优点，但是机械采摘无选择性，茶梗、老叶、嫩叶混合在一起，且采摘过程中容易损伤茶树。所以机械采摘要求树冠规整、高度适中。

手工采茶、机械采茶

我国茶类丰富，形成了多样化的采摘标准，概括起来可分为细嫩采、适中采、开面采、成熟采。高档名优茶采取“细嫩采”。多数名优茶，大多是采摘单芽和一芽一叶，少数也有采一芽二叶初展的新梢。依据不同茶类，其分别称“雀舌”“莲心”“拣芽”“颗粒”等。采用这一标准的有特级龙井茶、碧螺春、君山银针、黄山毛峰、峨眉山竹叶青等名茶。大宗茶类一般采取“适中采”，即当新梢长到一定程度时采一芽二三叶和细嫩对夹叶，这是我国目前内销和外销的大宗红、绿茶的普遍采摘标准，如炒青眉茶、珠茶、工夫红茶、红碎茶等。乌龙茶采取“开面采”：开面采是传统乌龙茶应用的采摘标准，是指待新梢长至 3 ～ 5 叶将要成熟而形成驻芽时采下对夹梢和一芽三四叶，这种采摘标准俗称“开面采”或“开面梢”。边销茶采用“成熟采”：用于加工黑茶和砖茶的原料，对原料嫩度要求较低，采摘标准比乌龙茶类还要粗老，须待新梢充分成熟、新梢茎部已木质化而呈现红棕色时方可采摘，主要采摘新梢快成熟或已成熟形成驻芽时的，一芽四五叶或对夹三四叶均可。

单芽、一芽一叶、一芽三叶、对夹叶、成熟叶

茶叶按照生产季节可分为春茶、夏茶、秋茶、冬茶。春茶一般指 3 ～ 5 月采制的茶，清明前采制的称为“明前茶”，谷雨前采制的茶称为“雨前茶”。夏茶一般指 5 ～ 7 月采制的茶。秋茶一般指 8 ～ 9 月采制的茶，其中 9 月秋茶适逢谷花时期，又称“谷花茶”。冬茶一般指 10 ～ 11 月采制的茶。

（二）茶叶的制作

茶叶在被采摘后，由茶青转换成可品饮的茶需要一定的制作工序。茶叶在被制作的过程中会发生一系列的化学变化，不同的制作工艺产生不同的化学变化，从而制成品质不同的茶类。

1. 杀青

杀青是制茶技术的关键工序之一，是通过高温处理鲜叶，迅速破坏鲜叶中氧化酶的活性，中止多酚类化合物的酶促氧化，使茶叶内含物质不发生变化。绿茶、黄茶和黑茶的第一步工序就是杀青，而红茶、青茶和白茶首先采用酶促氧化而不通过杀青，它们的品质特征截然不同。杀青的作用还表现在：一是改变叶绿素的存在方式，使叶绿素从叶绿体中释放出来，茶叶冲泡后保持汤色碧绿、叶底嫩绿；二是利用高温促使低沸点芳香物质挥发，去除鲜叶的青草气，发展茶香；三是使鲜叶中部分水分蒸发，使叶片变得柔软，增加韧性，便于揉捻成型。

杀青分为蒸青和炒青两种方式，蒸青是利用热蒸汽杀青，炒青是利用加热铁锅或滚筒锅壁的辐射热杀青。

滚筒杀青、锅炒杀青

2. 萎凋

萎凋是使鲜叶在一定的条件下均匀地散失适量的水分，增加叶子韧性，为揉捻创造必要的条件。制作红茶、青茶、白茶的第一道工序就是萎凋。

萎凋分日光萎凋、室内自然萎凋、加温机器萎凋三种方式。与室内和加温机器萎凋相比，日光萎凋的时间较短，茶叶色泽更加浅亮，茶叶香气更加鲜爽。但日光萎凋受气候的限制，阴雨天和午后强烈的日光下不能进行。

日光萎凋、室内萎凋

3. 揉捻

机器揉捻

揉捻即整形理条过程，是形成茶叶外形的关键工序，同时又影响茶叶色、香、味品质变化。揉捻的目的是擦破茶叶组织的细胞膜，使汁液流出附在茶叶表面，和空气接触产生化学变化，增进茶叶的色、香、味浓度。经揉捻后，茶汁多在表面，沸水冲泡即可充分溶入水中。此外，茶叶经揉捻后形成条索，外形整齐美观。

4. 闷黄

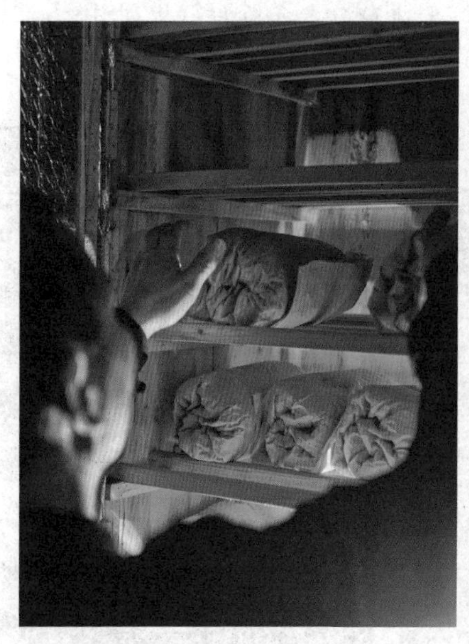

闷黄

闷黄是黄茶制作的关键工序，即将杀青的叶子趁热按一定的厚度摊在竹编或簸箕上、木箱或铁箱内闷。这是形成黄茶黄叶、黄汤品质特征的关键工序，会产生独特风味。

5. 发酵

发酵是制作红茶的重要步骤。发酵的目的在于使芽叶中的多酚类物质在酶促作用下产生氧化聚合反应，从而生成有色物质，如茶黄素、茶红素等，使绿叶变红，形成红茶特有的色、香、味品质。

红茶发酵

6. 渥堆

渥堆是黑茶制作的重要工序，即将毛茶泼上水，然后拌匀再渥成一堆，最后盖上湿的麻布，通过湿热作用，以一定的热量使经过杀青和揉捻的茶叶内含物质发生一系列的热化学反应，产生与其他茶类不同的色、香、味。茶叶经过渥堆，色泽由绿转为褐黄，青涩味消失，滋味变醇。

黑茶渥堆

7. 干燥

干燥是制造各类茶的最后一道工序，与制茶品质密切相关。干燥是进一步蒸发水分，达到一定的干燥度。干燥的目的除了去除水分便于贮藏外，还可以在前几道工序的基础上进一步固定茶叶特有的色、香、味、形。干燥的方法大致有晒干、烘干、炒干和半烘炒干四种。干燥方式不同，茶叶的色香味会有差异：如武夷岩茶采用低温久烘，水分慢慢消失，以提高香气；红茶干燥先用高温快烘，水分迅速蒸发而制止继续发酵；白茶干燥先风干而后晒，水分散失先慢后快。

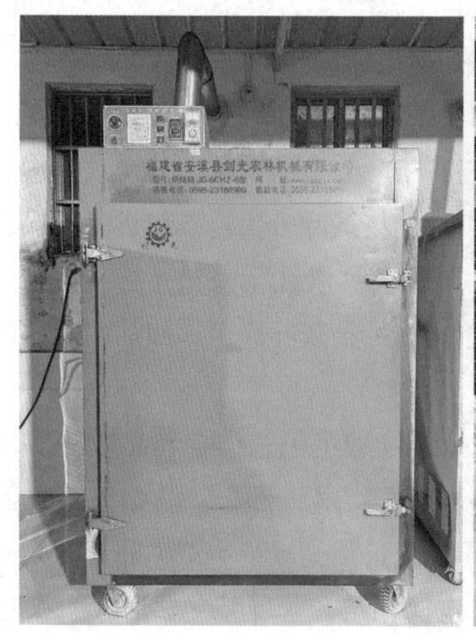

烘干机器

普洱茶晒干工艺

五、茶叶的分类

在数千年茶叶采制过程中，历代茶人依托不同的茶树品种、按照不同的加工工艺创制出了各种各样的茶类，但是目前世界上还没有规范化的茶叶分类方法，从而使茶的品名和叫法呈现纷繁复杂的局面。

在欧洲，茶叶分类较为简单，只按商品特性分为红茶（Black Tea）、乌龙茶（Oolong Tea）、绿茶（Green Tea）三大类。

在日本，较有代表性的茶叶分类方法是静冈大学林敏郎教授提出的：不发酵茶（绿茶）、半发酵茶（乌龙茶）、全发酵茶（红茶）、微生物发酵茶（黑砖茶）和再加工茶。

在中国，茶叶分类尚无统一的方法，有的根据制造方法和品质，将茶叶分为绿茶、红茶、乌龙茶（青茶）、白茶、黄茶和黑茶六大类；有的按照生产季节将茶叶分为春茶、夏茶、秋茶、冬茶；有的按照销路将茶叶分为内销茶、外销茶、边销茶；有的按照粗加工、精加工和深加工三种加工过程，将茶叶分为毛茶和成品茶；有的依据产地给茶叶命名，如广东的“英德红茶”、云南的“滇红”、安徽的“祁红”、四川的“川红”、余杭的“径山茶”等；有的依据茶树品种给茶叶命名，如福建的铁观音、大红袍、铁罗汉、水仙、毛蟹等。

目前中国茶叶最流行的分类方法是依据茶叶加工工艺结合其品质特征及多酚类物质的发酵氧化程度，分为基本茶类和再加工茶类两大部分。其中，基本茶类分为绿茶、黄茶、白茶、红茶、青茶、黑茶；再加工茶类是以基本茶类的茶叶为原料，经过不同的再加工而形成的茶叶产品分类，包括花茶、紧压茶、萃取茶、果味茶、药用茶、速溶茶等。

六大茶类的加工工艺和品质特征

茶类	多酚类氧化程度	加工工艺
绿茶	不发酵茶 （发酵度：0 ～ 5%）	（鲜叶）杀青、揉捻、干燥
白茶	微发酵茶 （发酵度：5 ～ 10%）	（鲜叶）萎凋、干燥
黄茶	轻微发酵茶 （发酵度：10% ～ 30%）	（鲜叶）杀青、揉捻、闷黄、干燥（烘干）
青茶	半发酵茶 （发酵度：30% ～ 70%）	（鲜叶）萎凋、做青、炒青、揉捻（包揉）、干燥（烘焙）
红茶	全发酵茶 （发酵度：80% ～ 100%）	（鲜叶）萎凋、揉捻、发酵、干燥
黑茶	后发酵茶 （发酵度：100%）	杀青、揉捻、渥堆、干燥

（一）绿茶的分类与品质特征

绿茶属不发酵茶，具有“清汤绿叶”的品质特点，一般经过杀青、揉捻、干燥三道工序制作而成。杀青是绿茶品质形成的关键工序，杀青方法分为锅炒杀青和蒸汽杀青两类。不同的品种在制作过程中，所采用的方式有所不同，大致分为炒青、蒸青、烘青、晒青四种。

（1）依据杀青方式分类，绿茶可分为炒青绿茶和蒸青绿茶。现在国内生产的大多数绿茶都为炒青绿茶。炒青绿茶的优点是香味浓醇鲜爽，深受消费者的欢迎。蒸青绿茶是我国古代最早发明的一种茶类，它是用蒸汽将茶鲜叶蒸软而后揉捻、干燥而成。蒸青绿茶具有“色绿、汤绿、叶绿”的“三绿”特征。唐宋时就已盛行蒸青制法并经佛教途径传入日本，日本至今还沿用此法。日本的蒸青绿茶有抹茶、玉露茶、碾茶和煎茶等，我国较有名的蒸青绿茶有恩施玉露、仙人掌茶等。

西湖龙井茶汤

（2）按照干燥方式分类，绿茶可细分为炒青绿茶、烘青绿茶、半烘炒绿茶和晒青绿茶四类。炒青绿茶是我国绿茶中的大宗产品，是利用锅或滚筒炒干的绿茶，按成茶的形状可分为长炒青、圆炒青、扁炒青三大类以及部分细嫩炒青。

长炒青是长条形的炒青绿茶，主要有江西婺源的“婺绿炒青”、安徽的“屯绿炒青”、浙江的“遂绿炒青”和“杭绿炒青”、湖南的“湘绿炒青”、河南的“豫绿炒青”、贵州的“黔绿炒青”等。长炒青的品质特点是：高档茶条索紧结、浑直匀齐，有锋苗，色泽绿润，香气清高持久，滋味浓醇，汤色黄绿清澈明亮，叶底嫩匀黄绿明亮；中档茶条索尚紧结，色泽黄绿尚润，香气尚高，滋味醇和，汤色黄绿，叶底尚嫩匀黄绿；低档茶条索粗实或稍粗松，色泽绿黄或黄稍枯，香气平正或稍粗，滋味平和或稍粗涩，叶底稍粗老，绿黄或黄稍暗。

圆炒青主要是珠茶，主要产于浙江的嵊州、绍兴、上虞、新昌、诸暨、余姚、奉化等地，历史上曾以绍兴市平水镇为珠茶主要集散地，因而常把珠茶称为“平水珠茶”。圆炒青外形呈颗粒状，高档茶品质特点圆紧似珠，匀齐重实，色泽墨绿油润，内质香气纯正，滋味浓醇，汤色清明，叶底黄绿明亮，芽叶柔软完整。

扁炒青外形呈扁形，有龙井茶、大方茶、旗枪茶等。龙井茶因产地不同，有西湖龙井茶和浙江龙井茶之分。西湖龙井茶产于浙江省杭州西湖区，浙江龙井茶产于浙江省萧山、富阳、余杭、新昌、嵊州等地区。大方茶主产于安徽歙县。旗枪茶原产于浙江省杭州市郊区及富阳、余杭、萧山等地，后由于市场销售发生变化，栽培技术、采摘要求和加工工艺不断提高，产量逐年减少。扁炒青外形扁平，色泽嫩绿，嫩香持久，滋味鲜醇，汤色嫩绿明亮，叶底嫩匀。

细嫩炒青是采摘细嫩芽叶加工而成的炒青绿茶，因产量不多、品质独特而又称特种炒青，主要品类有碧螺春、安化松针、都匀毛尖、信阳毛尖、庐山云雾、竹叶青、惠明茶、顾渚紫笋等名优绿茶。

烘青绿茶是指鲜叶经过杀青、揉捻而后烘干的绿茶。烘青又分普通烘青和细嫩烘青，普通烘青绿茶外形虽不如炒青绿茶那样光滑紧结，但条索完整、常显苗锋、白毫显露、色泽绿润，冲泡后茶汤香气清鲜、滋味鲜醇，叶底嫩绿明亮。烘青绿茶按照原料老嫩和制作工艺分类又可分为普通烘青和细嫩烘青两大类。普通烘青主要品类有福建的“闽烘青”、浙江的“浙烘青”、安徽的“徽烘青”、湖南的“湘烘青”、四川的“川烘青”等。这类烘青直接饮用者不多，通常用来作为窨制花茶的茶坯如茉莉烘青、白兰烘青等。没有窨花的烘青称为“素茶”或“素坯”。细嫩烘青是采摘细嫩芽叶精工制作而成的烘青绿茶，多数外形条索紧细卷曲、白毫显露、色绿香高味鲜醇、芽叶完整，著名品类有黄山毛峰、太平猴魁等。

半烘炒绿茶是炒烘结合进行干燥形成的绿茶，既有炒青茶香高味浓醇的特点，又保持了烘青茶芽叶完整、白毫显露的特色，例如江西婺源的“灵岩剑峰”、安吉的“安吉白片”等。

晒青绿茶是指直接利用阳光进行干燥的绿茶。晒青绿茶主要作为普洱茶及紧压茶的原料，在西南各省区和陕西均有生产，一般以产地命名，主要品类有云南的“滇青”、贵州的“黔青”、广西的“桂青”、陕西的“陕青”等。

（3）按照外形分类，可分为扁平状绿茶、剑状绿茶、针状绿茶、条状绿茶、卷曲状绿茶、朵状绿茶、珠状绿茶、螺状绿茶等。

西湖龙井、安吉白茶、江苏碧螺春、太平猴魁

绿茶是我国产量最高、生产历史最久、品类最多的茶类。现阶段我国的名优绿茶有杭州西湖龙井、浙江安吉白茶、江苏碧螺春、贵州都匀毛尖、河南信阳毛尖、安徽黄山毛峰和六安瓜片以及太平猴魁、江西庐山云雾等。

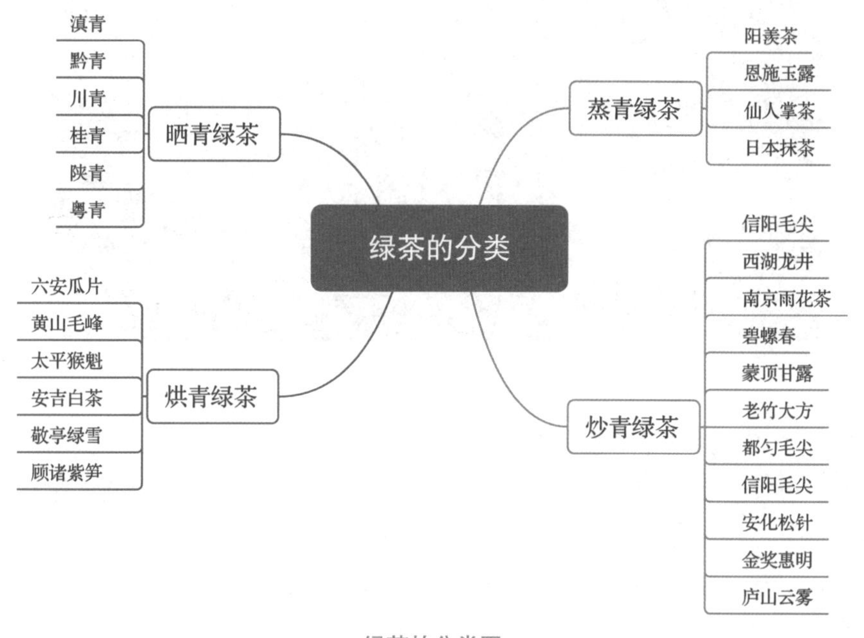

绿茶的分类图

绿茶的品质特征

原料	嫩芽、嫩叶，不适合久置
颜色	翠绿、黄绿、碧绿或绿褐色，较长时间与空气接触易变色
香气	干茶清香、嫩香、熟板栗香、海苔香，冲泡后茶香幽雅细锐
汤色	多呈黄绿色，清澈明亮
滋味	甘甜醇和，鲜爽微苦
性质	富含叶绿素、氨基酸、维生素 C，防癌、利尿、消脂、抗衰老、防止皮肤中黑色素沉积，使皮肤细腻且有光泽；但咖啡因含量高，饮后容易失眠；性寒凉，可下火，脾胃虚者不宜多喝

（二）白茶的分类与品质特征

白茶属微发酵茶，一般经过萎凋、干燥（晒干或烘干）两道工序制作而成。白茶的品质特点是干茶表面密布白色茸毫，汤色浅淡或初泡无色。其品质特点的形成源于采摘多毫的幼嫩芽叶制成，而且制法上采取不炒不揉的晾晒烘干工艺。这种制法既不破坏酶的活性又不促成氧化作用，听其自然变化。所以其能保持芽叶完整、条索自然、毫香显现、汤味鲜爽。白茶主产于福建省的福鼎、政和、松溪和建阳等县，台湾地区也有少量生产。白茶因茶树品种不同分为大白、小白、水仙白等。白茶因采用原料不同，分芽茶与叶茶两种。

白茶晒场

芽茶完全用大白茶品种茶树的肥壮芽头制成，典型的芽茶就是“白毫银针”。白毫银针生产于福建的福鼎、政和等地。其外形满披白毫，色如银，挺直如针。在众多的茶叶中，它是外形最优美者之一，令人喜爱，且汤色浅黄、鲜醇爽口，饮后令人回味无穷。它十分名贵，畅销港、澳地区和东南亚。叶茶是采摘一芽二三叶或单片叶为原料，按白茶工艺加工而成。叶茶包括白牡丹、贡眉、寿眉等品目。白牡丹是采摘一芽二叶为原料，摊叶萎凋后直接烘干。其干茶芽头挺直，叶缘垂卷，叶背披满白毫，叶面银绿色，芽叶连枝，形似牡丹。贡眉是采摘一芽二三叶，经萎凋、烘干制成。寿眉是采下芽叶，将芽摘下制银针，摘下叶片萎凋后烘干。其每张叶片的叶缘微卷曲、叶背披满白毫，酷似老寿星的眉毛。

白毫银针

白牡丹

贡眉

寿眉

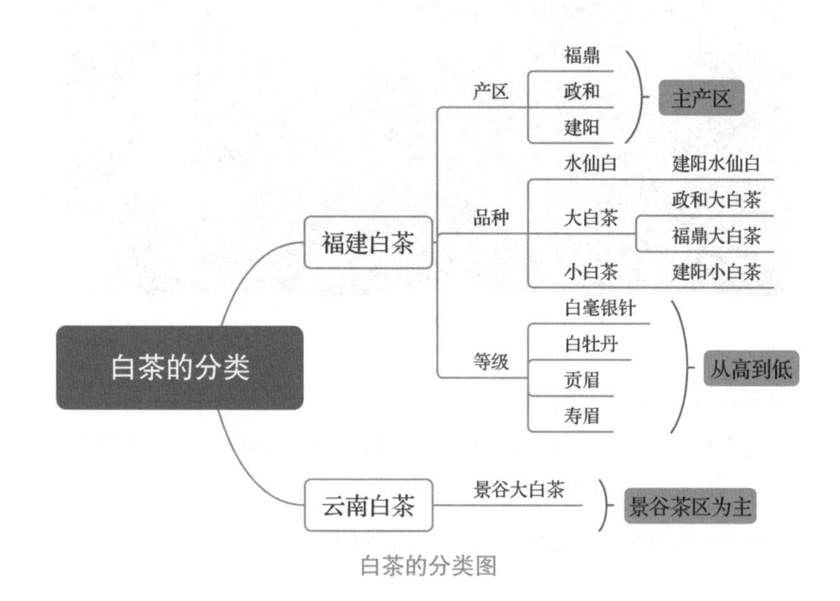

白茶的分类图

白茶的品质特征

原料	用福鼎大白茶种的壮芽或嫩芽制作，大多是针形或长片形
颜色	芽头肥壮，满披白毫
香气	清鲜爽口、甘醇，毫香显
汤色	清澈明亮，呈浅黄色或杏黄色
滋味	鲜爽甘醇
性质	富含氨基酸，尤以茶氨酸最为突出；中医药理证明，白茶性清凉，具有祛暑退热降火之功效

（三）黄茶的分类与品质特征

黄茶属轻微发酵茶，具有“黄汤黄叶”的品质特点，一般经过杀青、揉捻、闷黄、干燥制作而成。黄茶品质特点的形成源于闷堆渥黄的制作过程，即先利用高温杀青破坏酶的活性，其后通过湿热作用引起多酚物质的自动氧化并产生一些有色物质。根据闷黄先后和时间长短，分为杀青后湿坯堆积闷黄、揉捻后湿坯堆积闷黄和毛火后干坯闷黄三大类。干坯又有堆积和纸包之分。黄茶依据鲜叶的嫩度和芽叶的大小可分为黄芽茶、黄小茶和黄大茶三大类。

黄茶纸包

黄芽茶原料细嫩，采摘单芽或一芽一叶加工而成，主要包括湖南岳阳洞庭湖的“君山银针”、四川雅安名山区的“蒙顶黄芽”和安徽霍山的“霍山黄芽”。

黄小茶采摘细嫩芽叶加工而成，主要包括湖南岳阳的“北港毛尖”和宁乡的“沩山毛尖”、湖北远安的“远安鹿苑”、浙江温州平阳一带的“平阳黄汤”。

蒙顶黄芽

黄大茶采摘一芽二三叶甚至一芽四五叶为原料制作而成，主要包括安徽霍山的“霍山黄大茶”和广东韶关、肇庆、湛江等地的“广东大叶青”。

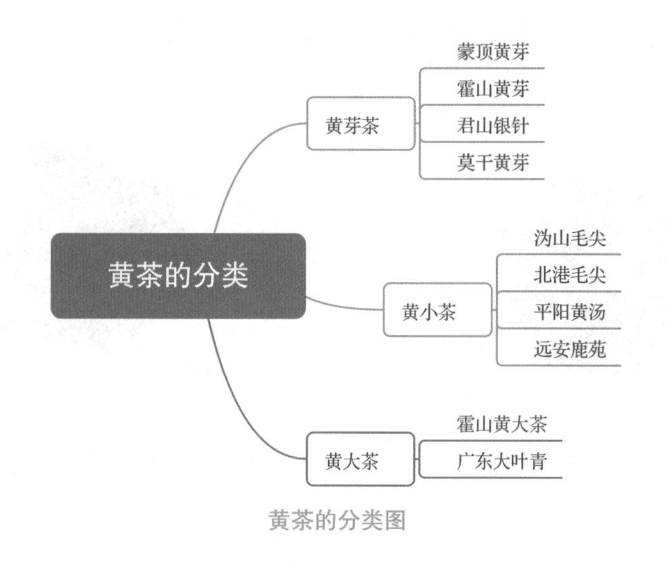

黄茶的分类图

黄茶的品质特征

原料	带有茸毛的芽头，用芽和芽叶制作
颜色	干茶金黄油润，或黄绿多毫，或青润带黄
香气	清醇有熟板栗香或甜熟香
汤色	汤色嫩黄，或金黄明亮，或深黄显褐
滋味	甜爽、醇和回甘
性质	富含叶绿素、维生素 C，茶性凉；因产量少，是珍贵的茶叶

（四）青茶的分类与品质特征

青茶又叫乌龙茶，属半发酵茶，是介于不发酵茶（绿茶）与全发酵茶（红茶）之间的一种茶类。其品质介于绿茶和红茶之间，既有绿茶的清香，又有红茶的甜醇。因其叶片中间为绿色、叶缘呈红色，故有“绿叶红镶边”之美称。青茶一般经过萎凋、做青、炒青、揉捻、干燥制作而成。青茶制法的主要特点是做青，即在揉捻前通过做青擦破叶边缘细胞，使叶片边缘的物质产生酶促氧化。

青茶（乌龙茶）按外形分，有颗粒状和条形状两类；按滋味分，有清香乌龙和浓香乌龙两类；按发酵程度分，有轻发酵乌龙（轻香型）、中发酵乌龙、重发酵乌龙（熟香型）三类；按产地分，有广东乌龙、闽北乌龙、闽南乌龙、台湾乌龙四类，广东乌龙包括凤凰单丛、岭头单丛等，闽北乌龙有武夷岩茶、闽北水仙、武夷肉桂等，闽南乌龙有安溪铁观音、安溪色种、安溪黄金桂等，台湾乌龙有文山包种、冻顶乌龙、白毫乌龙等；按茶树品种分，有大红袍、铁罗汉、水金龟、白鸡冠、铁观音、本山、黄金桂、毛蟹、奇兰、水仙、宋种、肉桂、大叶乌龙等。

乌龙茶的名品有福建安溪铁观音、黄金桂，武夷山的四大名枞和奇种，广东潮州凤凰单丛，台湾的冻顶乌龙、文山包种、东方美人（白毫乌龙）。

东方美人

大红袍

铁观音

凤凰单丛

台湾乌龙

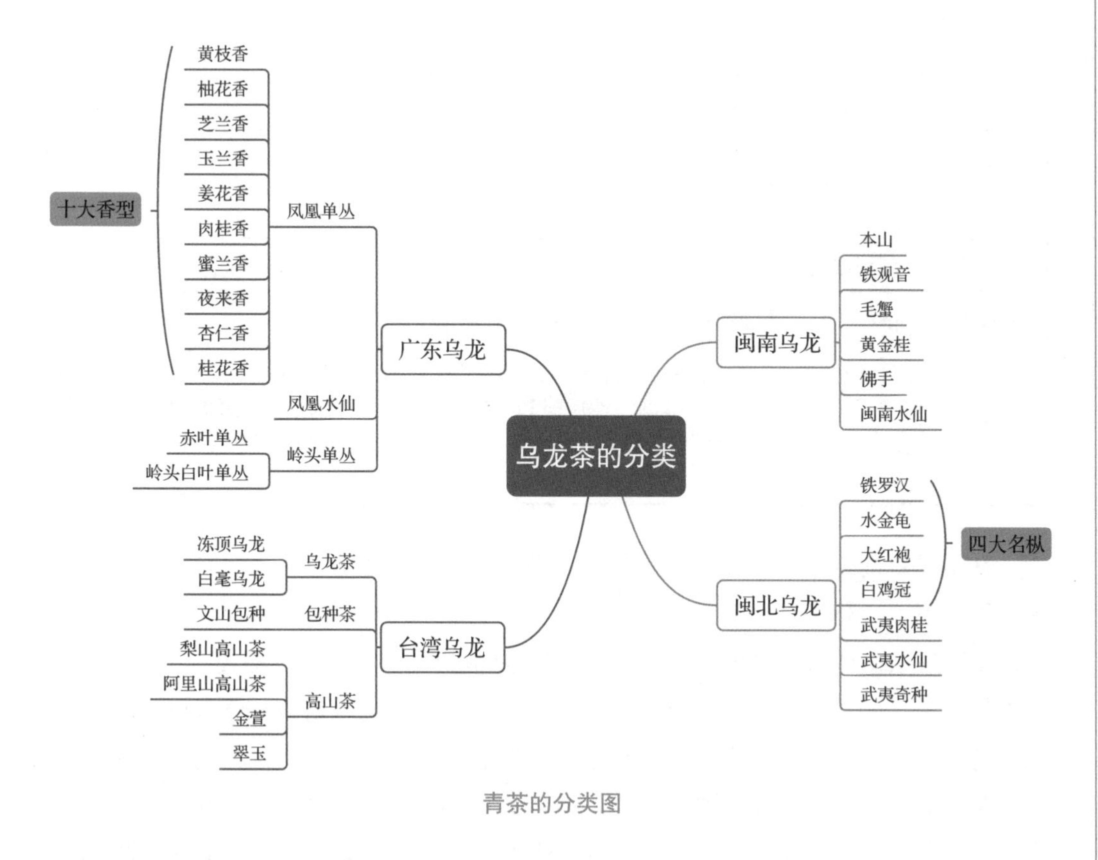

青茶的分类图

青茶的品质特征

原料	驻芽二至四叶，枝叶连理，大多是对夹叶，鲜叶较成熟
颜色	青绿、砂绿、暗绿
香气	清新的花香、果香、熟果香
汤色	金黄、橙黄、橙红、琥珀色
滋味	浓醇、醇厚、醇和、圆柔、回甘持久
性质	茶性温凉，略具叶绿素、维生素 C，儿茶素、茶多酚、氟含量较丰富，有消脂、利尿、通便、防治龋齿等作用；茶碱、咖啡碱约有 3%，不宜睡前、空腹、饭后马上喝

（五）红茶的分类与品质特征

红茶属全发酵茶，具有“红汤红叶”的品质特点，一般经过萎凋、揉捻、发酵、干燥四道工序制作而成。发酵工序是红茶制作的关键，是叶色由绿变红、形成红茶红汤红叶品质特点的生化变化过程。发酵机理是叶子在揉捻作用下，组织细胞膜结构受到破坏，透性增大，使多酚类物质与氧化酶充分接触，产生氧化聚合作用，其他化学成分亦相应发生深刻变化，促使叶子产生红变，形成红茶特有的色香味品质。红茶的名品有安徽祁门红茶、云南凤庆的滇红、福建的正山小种、广东英德英红、江西修水宁红、江苏宜兴的宜红、福建坦洋工夫、福建政和工夫等。

红茶的品质特征

原料	大叶、中叶、小叶都有，一般是切青、碎形和条形
颜色	乌黑型、棕红型、黑褐型、橙红型
香气	浓郁高长似蜜糖香，醇厚有麦芽糖甜香，高长带松烟香
汤色	红艳浓稠，红艳明亮，清澈橙黄
滋味	醇厚回甘，浓强鲜爽，浓厚、刺激性强，略带涩味
性质	红汤红叶，不含叶绿素、维生素 C，茶多酚含量高，常饮可防血管硬化和动脉粥样硬化，降血脂，消炎抑菌，性质温和，富有兼容性，特别适合添加牛奶及佐料调饮；收敛性强，有较好的减肥功效；对胃刺激较轻，适合肠胃不好者喝，咖啡因含量高，清饮易失眠

红茶是目前全世界产量和消费最大的茶类。根据加工方法分类，我国红茶可分为小种红茶、工夫红茶、红碎茶三种。

小种红茶生产历史悠久，始于 15 世纪，是福建省特有的茶叶品类，也是传统特种外销红茶。小种红茶产于福建省崇安县（今武夷山市）星村乡桐木关一带。其加工工艺包括萎凋、揉捻、发酵、过红锅、复揉、熏焙、筛拣。其加工特点是采用松柏木柴明火加温萎凋和熏烟焙干，因此茶叶有股独特的松烟香味。小种红茶又可分为正山小种、外山小种和烟小种。正山小种主产于福建省崇安县星村乡桐木关一带，又称“星村小种”“拉普山小种”，被称为红茶鼻祖。正山小种品质特征为：外形条索肥壮、紧结圆直、不带芽毫，色泽乌黑油润，香气芬芳浓烈、纯正高长，带松烟香，汤色浓厚呈深金黄色，滋味醇厚似桂圆汤蜜枣味，叶底厚实呈古铜色。外山小种仿效正山小种制法，主要产区有福建坦洋、政和、屏南、古田、沙县等地。烟小种是工夫红茶通过喷上水后熏焙干燥而成。正山小种、外山小种和烟小种品质以正山小种为最好。

工夫红茶约于 18 世纪中叶由小种红茶演变而来，是我国特有的红茶品种，也是我国传统的出口商品。工夫红茶以做工精细、特别费工夫而得名，其在制作过程中很讲究形状和色、香、味，特别要求条索紧卷完整、匀称，色泽乌黑润泽，汤色红艳明净，香气浓纯，滋味甘醇，叶底嫩匀。工夫红茶一般以产地命名：如产于云南的“滇红”，产于安徽祁门县及毗邻石台、东至、贵池等地的“祁红”，还有产于福建的“闽红”、产于四川的“川红”、产于江西修水的“宁红”、产于广东英德的“英红”等。

红碎茶是 19 世纪末在我国工夫红茶制造技术的基础上发展起来的品类，是国际市场上的主销产品。红碎茶是鲜叶经萎凋、揉捻后，用机器切碎，然后经发酵、干燥而成。因其外形细碎，故称“红碎茶”。其品质特点是颗粒紧细，色泽乌黑或带褐色，净度较好，茶汁浸出快，汤色红艳，滋味具有“浓、鲜、强”的特点，适宜于一次性冲泡后加糖、牛奶和柠檬等饮用。红碎茶主产于云南、广东、海南、广西、贵州、湖南、四川、湖北、福建等省区，其中以云南、广东、海南、广西用大叶种为原料制作的红碎茶品质为最好。

正山小种

滇红

祁门红茶

英德红茶

红碎茶

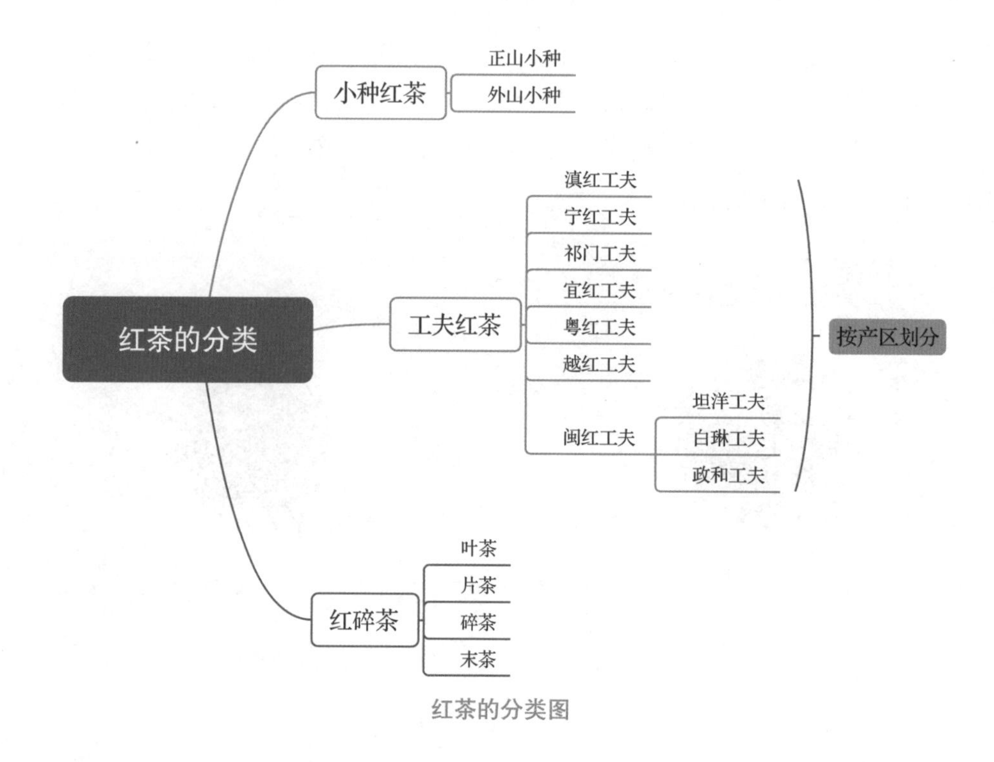

红茶的分类图

（六）黑茶的分类与品质特征

黑茶属后发酵茶，因茶色黑褐而得名，一般是以较粗老的毛茶为原料，经杀青、揉捻、渥堆、干燥制作而成。黑茶不同于黄茶等其他茶类的重要工序是渥堆，其类似红茶的堆积“发酵”，但堆大、堆紧、渥堆时间长，并先通过杀青，在抑制酶促作用的基础上进行渥堆，这是形成黑茶色、香、味的关键工序。黑茶是我国特有的茶类，生产历史悠久，品种花色丰富，产销量大，主要产区有云南、湖南、四川、湖北、广西，以边销为主，部分内销，少量外销，习惯上又称为“边销茶”，常加工成砖形或紧压成块，故又称“砖茶”“紧压茶”。各种黑茶的紧压茶是藏、蒙古、维吾尔等民族日常生活必需品，有“宁可一日无食，不可一日无茶”之说。

普洱茶宫廷熟茶

黑茶的品质特征

原料	品种丰富，大叶种茶的粗老梗叶或鲜叶经发酵而成
颜色	青褐色、褐色、褐红、黑褐、棕褐
香气	陈香、纯正、平和
汤色	深红明亮、红黄尚明、红黄微暗
滋味	浓醇甘和、醇厚回甘、浓厚微涩
性质	茶性温和，可长久存放，耐泡，适合任何时间喝，有降血压、消脂肪的功效

黑茶依产地不同，分为湖南黑茶、湖北老青茶、四川边茶、滇桂黑茶、云南普洱茶、广西六堡茶、安徽六安茶等品类；黑茶按形状不同分散茶和紧压茶两种：散茶有云南的普洱散茶、广西的六堡散茶等，紧压茶有茯砖茶、黑砖茶、花砖茶、湘尖茶、青砖茶、康砖茶、金尖茶、方包茶、六堡茶、圆茶（七子饼茶）、沱茶、紧茶、金瓜贡茶、千两茶等。

普洱茶、茯砖、沱茶、六安茶

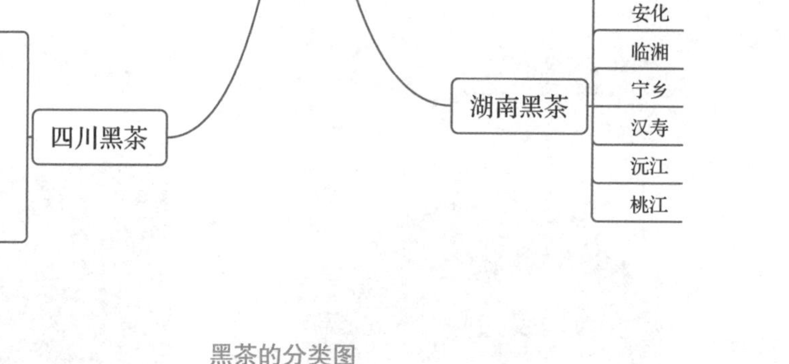

黑茶的分类图

（七）再加工茶的分类与品质特征

以绿茶、红茶、乌龙茶、白茶、黄茶、黑茶这些基本茶类做原料进行再加工的产品统称再加工茶类，主要包括花茶、萃取茶、果味茶、紧压茶、药用保健茶和含茶饮料等几类。下面简要介绍花茶、果味茶的相关知识。

花茶是用茶叶和香花进行拼合窨制使茶叶吸收花香而制成的香茶，亦称窨花茶。窨制花茶的原料主要是绿茶中的烘青，也有少量的炒青和细嫩绿茶，如大方、毛峰等。此外，烘茶、乌龙茶也可用于窨花，但数量不多。花茶因窨制的香花不同分为茉莉花茶、珠兰花茶、白兰花茶、玳玳花茶、玫瑰花茶、桂花乌龙、柚子花茶、栀子乌龙、米兰花茶等。各种花茶独具特色，但总的品质要求为：香气鲜灵浓郁，滋味浓醇鲜爽，汤色明亮。我国花茶中产量最多的是茉莉花茶，其窨制工艺是茶与花拼合、窨花吸香、通花、起花、复火、提花、匀堆装箱。

茉莉花茶、茶汤

果味茶是用茶叶半成品或成品加入果汁后制成的，既有茶味，又有果香味，风味独特，颇受市场欢迎。我国生产的果味茶主要有荔枝红茶、柠檬红茶、猕猴桃茶、橘汁茶、椰汁茶、山楂茶等。

荔枝红茶

模块二 技能实操

技能目标

1. 学会鉴别、选购、贮藏茶叶。
2. 了解不同茶类的养生功效。
3. 学会科学饮茶。

一、茶叶的鉴别与贮藏

茶叶的鉴别包括对茶品质的评价和真假的识别，判定该茶是新茶还是陈茶，是春茶、夏茶还是秋茶、冬茶，是真茶还是假茶等。一般可用感官审评的方法进行茶的鉴别，即充分运用视觉、嗅觉、触觉、味觉等感官，通过观、闻、触、尝等方式，对茶叶的色、香、味、形等特征进行品质鉴别。

（一）新茶与陈茶的辨别

新茶与陈茶对比

新茶一般指当年采摘制作的茶，其色、香、味、形都给人以新鲜有活力的感觉，所以称为“新茶”。我国大多数茶区从三月开始就有新茶陆续上市。而有些隔年茶在存放过程中，在光、热、水、气等作用下，其中一些有效物质会发生缓慢的氧化或缩合，形成与茶叶品质无关的其他化合物，而对人体有用的茶叶有效成分含量相对减少，从而使得茶叶品质下降，茶叶变色，茶香散发，汤色变浑，茶味变杂，最终变成品质差的陈茶。况且，茶叶是易变性的食品，就算是新茶，如果贮藏方法不当，也会在很短的时间内使新茶味消失，陈味显露。

可以从以下三个方面鉴别新茶和陈茶：

1. 外形

外形上，一般新茶看起来鲜活亮丽有光泽，陈茶看起来颜色暗淡而没有生机、茶毫稀疏。比如绿茶陈化后色泽变化最为明显，由原来的青翠嫩绿变得枯灰黄绿，茶汤颜色由黄绿明亮变得黄褐浑浊；红茶陈化后茶叶色泽由乌润变得灰暗。而新茶无论什么颜色都不会暗沉，比如黄山毛峰翠绿带黄、滇红乌润显毫、铁观音砂绿油润等。

2. 香气

构成茶叶香气的成分有300多种，随着存放时间的延长，香气成分逐渐挥发、氧化，茶叶香气由高变低，香型由清香、花果香而变得低沉。比如陈茶冲泡后，香气低淡而不够浓郁，往往缺少鲜香，甚至低沉中带有浊气。而新茶开汤后便有一缕清香扑鼻而来，无论是清香还是花香、果香，香里总透着一种鲜甜感。

3. 滋味

茶叶在存放过程中，其中的氨基酸、酚类化合物有的分解挥发，有的缓慢氧化，使茶叶中可溶于水的有效成分减少，从而使茶叶滋味由醇厚变得淡薄，鲜爽味减弱而变得“陈滞”。因此，无论何种茶类，一般新茶的滋味都醇爽甘甜，而陈茶却显得淡而不爽。

（二）不同季节茶类的辨别

茶有春茶、夏茶、秋茶、冬茶之分。因茶树在生长过程中会受到气温、雨量、日照等气候因素的影响，又因茶树本身营养条件的差异，使得各季节采制而成的茶叶外形和内质具有不同的特点。

春季气温适中、雨量充沛，茶树经头年秋冬较长时间的休养生息，体内营养成分丰富，所以这时采摘的春茶不但芽叶肥壮、色泽翠绿、叶质柔软、白毫显露，氨基酸和维生素的含量也较丰富，使得春茶的滋味更鲜爽、香气更饱满且持久。因此春季是大部分茶叶全年品质最高的时候。

夏季气温高、光照强、雨水多，茶树新梢虽然生长迅速但很容易老化，茶叶中的氨基酸、维生素的含量明显减少，花青素、咖啡因、茶多酚含量明显增加，因此做出的夏茶相对粗大松散、梗比较长、香气远不如春茶饱满、滋味显得苦涩而不够爽口。所以夏季通常是茶叶全年品质最低的时候。不过也有例外，比如红茶的制作就要求茶多酚高，才能发酵出“红汤红叶”且甜度和浓醇度都很好的红茶，所以很多产区会在初夏制作红茶。还有台湾乌龙茶中的东方美人茶，当它被一种叫小绿叶蝉的昆虫咬食到一定程度的时候，才能有特殊的蜜香，而这种昆虫在炎热的夏天才较多，所以反倒是夏季才出好的东方美人茶。

秋季气候虽温和但雨量不足，会使采制而成的茶叶显得较为枯老，特别是茶树历经春茶和夏茶的采收，其代谢能力有所下降，体内营养有所亏缺，因此，采制而成的茶叶内含物质显得贫乏，在这种情况下，不但茶叶滋味淡薄，而且香气欠高、叶色较黄；但是秋季露水特别多，夜间露水的供应有利于茶树对白天积累的有机物进行转化和运输，从而使有些茶叶形成优良的品质，比如露水以后的铁观音香气会变得更为优雅。

冬季气温寒冷，冬茶新梢芽生长缓慢，茶叶底坚薄，叶子色泽呈黄绿色，缺光泽；滋味略淡，苦涩度低反而衬托出淡淡的甜味；香气却是最大的优势，因为较低的温度让茶叶有比较浓郁而且柔滑的香。所以在福建、广东等南方地区的乌龙茶产区会在立冬前后采制一些茶，叫“雪片”或“冬片”。不过大部分产区不采冬茶，让茶树好好休养一个冬天，为了来年春茶有个好品质。

可以通过干看和湿看两种方式鉴别春茶、夏茶、秋茶和冬茶。干看主要从干茶的外形、色泽、香气上加以判断；湿看是指对茶叶进行开汤评审，通过闻香气、观汤色、尝滋味、观叶底对茶叶做出进一步判断。

春茶的品质特征

干茶	外形	茶叶条索紧结，肥壮重实，有较多白毫
	色泽	较油润（绿茶色泽绿润，红茶色泽乌润）
	香气	馥郁
开汤后	香气	茶叶冲泡后下沉快，香气饱满持久
	汤色	绿茶汤色绿中显黄，红茶汤色红艳显金圈
	滋味	滋味醇厚、浓郁，苦涩度较低
	叶底	叶底柔软厚实，正常芽叶多

夏茶的品质特征

干茶	外形	茶叶轻飘松大，嫩梗瘦长，条索松散
	色泽	绿茶色泽灰暗，红茶色泽红润
	香气	稍淡薄
开汤后	香气	茶叶冲泡后下沉较慢，香气稍低
	汤色	绿茶汤色青绿，红茶汤色红暗
	滋味	绿茶滋味欠厚稍涩，红茶滋味较欠爽
	叶底	绿茶叶底中夹杂铜绿色芽叶，红茶叶底较红亮，茶叶叶底薄而较硬，对夹叶较多

秋茶的品质特征

干茶	外形	茶叶大小不一，叶长轻薄瘦小
	色泽	绿茶色泽黄绿，红茶色泽暗红
	香气	高杨
开汤后	香气	茶叶冲泡后香气优雅
	滋味	滋味较平和
	叶底	叶底夹有铜绿色芽叶，叶张大小不一，叶缘锯齿明显

冬茶的品质特征

干茶	外形	茶叶大小不一，叶长且厚实
	色泽	绿茶色泽黄绿，红茶色泽暗红
	香气	较平和
开汤后	香气	茶叶冲泡后香气不高
	滋味	滋味较平和，苦涩味底反衬出淡淡的甜味
	叶底	叶底夹有铜绿色芽叶，叶张大小不一，对夹叶较多

（三）茶叶的选购

选购茶叶需要掌握一些相关知识，如各类茶叶的等级标准、价格与行情以及茶叶辨别方法等。茶叶的好坏，主要通过色、香、味、形四个方面来辨别，即看色泽、闻香气、品滋味、观外形。

1. 看色泽

不同的茶类有不同的色泽特点。绿茶中的炒青应呈黄绿色，烘青应呈深绿色，蒸青应呈翠绿色。绿茶的汤色应呈浅绿或黄绿，清澈明亮。红茶的色泽应乌黑油润，汤色红艳明亮；有些上好的红茶冲泡后的茶汤在茶杯四周会形成一圈黄色的油环，俗称“金圈”。乌龙茶色泽以青褐、光润为好。黑茶色泽以油黑为上等。无论何种茶类，品质优异的茶均要求色泽一致、光泽明亮、油润鲜活；如果色泽不一、深浅不同、暗而无光，说明原料老嫩不一、做工差、品质劣。

2. 闻香气

各种茶类都有各自的香气特征，如绿茶有清香、花香、板栗香等，红茶有甜香、花香，乌龙茶有花果香，花茶则以鲜灵的花香而闻名。如果香气低沉、有异杂味、不持久，则茶叶劣质：有陈气的为陈茶，有潮湿气、霉气、酸气等异味的为变质茶。如果香气明显、纯净、持久，而且香气入水（就是和茶汤融为一体），喝下去唇齿留香，则说明茶叶品质较高。

3. 品滋味

茶叶的滋味有苦、涩、甜、鲜、醇等。不同的茶类，滋味也不一样。上等绿茶初尝有苦涩感，但回味甘醇、口舌生津；粗老劣茶则淡而无味，甚至涩口、麻舌。上等红茶滋味浓厚、香甜、鲜醇；劣质红茶则平淡无味。存放适宜的上等黑茶滋味陈醇绵厚。

4. 观外形

干茶的外形，一般从嫩度、条索、整碎度、净度四个方面来看。嫩度是决定品质的基本因素，一般嫩度好的茶叶容易符合该茶类的外形规格要求。此外，还可以从茶叶有无锋苗去鉴别：锋苗好，白毫显露，表示嫩度好，做工也好；如果原料嫩度差，做工再好，茶条也无锋苗和白毫。条索是指茶的外形规格，如炒青条形、珠茶圆形、龙井扁形、红碎茶颗粒形等。一般长条形茶看松紧、弯直、壮瘦、圆扁、轻重，圆形茶看颗粒的松紧、匀正、轻重、空实，扁形茶看平整光滑程度。一般条索紧、身骨重、圆（扁形茶除外）而挺直，说明原料嫩、做工好、品质优；如果外形松、扁（扁形茶除外）、碎并有烟焦味，说明原料老、做工差、品质劣。整碎度就是茶叶的外形和断碎程度，以匀整为好、断碎为次。另外，还要看茶叶中是否有茶片、茶梗、茶末或竹屑、泥沙等其他夹杂物。净度好的茶，应不含任何夹杂物。

（四）茶叶的贮藏

茶叶从生产、运输到销售，直到家庭的饮用，都要经过贮藏的过程。贮藏方式越好，则茶叶的保存期限就越长。如贮藏不当，再好的茶也会变质，颜色发暗，香气散失，味道不良，甚至发霉而不能饮用。特别是当茶叶遇水分、光线、温度、氧气和其他气体时都会产生亲附性，导致品质发生变化。所以茶叶贮藏应当遵循防潮、避光、防高温、防氧化、防异味的原则。绿茶、黄茶贮藏最好不超过 1 年，红茶、乌龙茶贮藏得当则可存放数年，普洱茶、白茶则是存放时间越久品质越好。

茶叶贮藏注意事项如下：

1. 避免过于潮湿

茶叶很易吸湿受潮。茶叶含水量越高，陈化变质就越快。密封包装可以有效预防茶叶受潮。此外，在茶叶外包装中放一些食品干燥剂、脱氧剂（干燥颗粒不要直接接触茶叶），也能取得很好的防潮效果。如果是在空气中暴露较长时间的茶，不要放回原包装中，否则可能会吸潮而影响原本的干茶。用工具或直接用手取用茶叶的时候，也要注意保持干燥。其他常用的贮藏方法有生石灰贮藏、木炭贮藏，如西湖龙井、洞庭碧螺春、黄山毛峰等名优绿茶多采用石灰贮藏法，利用生石灰的吸湿性使茶叶保持充分干燥。具体做法是：选择口小腹大、不易漏风的陶瓷坛子或不锈钢桶作为容器，使用前洗净、晾干，用布袋盛入适量生石灰，用绳子捆紧，放入容器内，再将包装好的茶叶分层排列于容器的四周（注意装生石灰的布袋要与茶叶分层放置），装好后密闭容器并放于干燥的贮藏室内。生石灰需要两三个月更换一次，否则当石灰的水分高于茶叶时，石灰的水分就会浸入茶叶。

2. 避免光照

光照会促使植物色素和脂类物质氧化。经过照射的茶叶，色泽可能会变深变暗，香气也会加速散失，口感也会变质，严重者还会变酸。所以茶叶绝对不能放到阳光可以直射的场所贮存。受长期照明灯照射的样品茶也会泛红变质。此外透明袋或玻璃容器会透光，也会使茶叶提前劣化。所以非商业展示需要，家庭长期贮藏茶叶时，尽量不要使用透明包装。

3. 避免高温

高温会加剧茶的氧化变质，所以贮藏茶叶时要注意远离高温热源，应放置在阴凉干燥处，正常室温即可，必要时可采用冷藏贮存。具体做法是：将茶叶装入密度高、厚实、强度好、无异味的食品包装袋，然后放入冷库或冰箱，温度维持在0℃～5℃，能在两年左右的时间内保持茶的品质。但茶叶出冷库后，由于气温骤变，会加速茶的变质，所以要尽快饮用。

4. 避免氧化

除后发酵茶需要氧气外，其他茶类都应密封保存，否则茶叶长时间接触空气便会氧化，香气和味道都会变差。一般名优茶包装容器内氧气含量应控制在0.1%以下，即可达到基本无氧状态。其可以采取真空贮藏法，方法是将足够干燥的茶叶装入特制的包装袋，抽出空气的同时充入氮气，密闭封好。这种方法在常温下可保持茶叶品质一年内不变。也可以使用厚实的铝箔袋封装，必要时在外面加上罐子或外盒，好看又防止挤压，也是一种便捷、有效的密封方式。还可以用陶罐、瓷罐、锡罐等能直接接触茶叶的罐子存贮茶叶。如果罐子是新买的，须将罐子清洁干净、彻底风干、去除异味后再使用。

5. 避免串味

由于茶叶中含有棕榈酸和萜烯类化合物，这些化合物具有很强的吸收异味的功能，因此，不要将茶叶与樟脑丸、油漆、香烟、化妆品等任何有气味的物品放在一起，以免串味影响茶叶品质。

茶汤图

二、茶的营养与健康

（一）不同茶类的养生功效

1. 绿茶的养生功效

绿茶属于不发酵茶，富含多酚类物质、氨基酸、维生素等活性成分，具有抗氧化、抗衰老、降血压、降脂减肥、防癌、抗突变、抗菌消炎的作用。绿茶滋味鲜爽清醇带收敛性，香气清鲜高长，微苦，微甘，性寒凉，是清热、消暑、降温的凉性饮品。因绿茶性寒凉，若虚寒及血弱者久饮之，则脾胃更寒、元气倍损，故绿茶不适合胃弱者和寒性体质人群饮用。

2. 乌龙茶的养生功效

乌龙茶属于半发酵茶，其各种内含物含量适中，具有抗氧化、预防肥胖、防癌抗癌、抗突变、降血脂血糖血压、预防心血管疾病、抗过敏、解烟毒、保护神经、美容护肤、延缓衰老等功效。乌龙茶性温不寒，具有良好的消食提神、下气健胃作用。乌龙茶的天然花果香可令人精神振奋、心旷神怡。乌龙茶适用人群较广。

3. 红茶的养生功效

红茶为全发酵茶，其中含有的多酚类物质在酶促氧化下形成茶黄素和茶红素等，具有抗氧化、防癌抗癌、降血脂、预防心脑血管疾病、抗菌抗病毒等作用。红茶性温热，暖胃，散寒除湿，具有和胃、健胃之功效，对脾胃虚弱、胃病患者较为适宜。红茶还具有养肝、护肝的作用。

4. 黑茶的养生功效

黑茶属于后发酵茶。黑茶经过长时间的渥堆，茶叶多酚类物质、蛋白质和果胶等化合物在湿热条件下和渥堆中产生的微生物的作用下产生复杂氧化和水解反应，形成黑茶滋味浓厚、醇和、耐泡的特点，具有特殊的陈香，茶性温和。黑茶的主要保健作用是消食，下气去胃胀，醒脾健胃，解油腻。黑茶降血脂、降胆固醇、减肥功效明显，具有抗氧化防癌、抑菌护齿作用。

5. 白茶的养生功效

白茶属于微发酵茶。白茶加工过程只经过萎凋和干燥两道工序，使其相对于其他茶类保留了更多茶树鲜叶的茶多酚、茶氨酸、黄酮、咖啡碱、可溶性糖等风味和营养成分。白茶茶味清淡，其性味寒凉，是民间常用的降火凉药，具有消暑生津、退热降火、解毒、杀菌消炎、延缓皮肤衰老和护肤美容、提神消疲、增强机体免疫力、降血脂和血糖等功效。

6. 黄茶的养生功效

黄茶富含茶多酚、氨基酸、可溶糖、维生素等营养物质，对防治食道癌、结肠癌有明显的功效。黄茶性清寒，可以提神、助消化、化痰止咳、清热解毒。

（二）科学饮茶

“药乃一病之药，茶乃万病之药”，茶对人体具有保健作用，长期饮茶可以取得一定的疗效，如安神除烦、提神醒困、清肝明目、下气消食、利水通便、生津止渴、清肺润喉、去腻减肥、清热去火等，还有防癌、防辐射作用。喝对茶，学会科学饮茶，最终有益身心健康。

1. 依体质选茶

茶有绿、白、黄、青、黑、红六大类。从绿茶到红茶，随着茶叶中的茶多酚氧化程度的加深，其茶性呈现寒凉到温性的茶性特征。

六大茶类的茶性特点

寒				平	温		
绿茶	黄茶	白茶	轻发酵乌龙茶	中发酵乌龙茶	重发酵乌龙茶	黑茶（熟茶）	红茶

茶的性味有温凉之差，人的体质也有寒热之别。按照中医的阴阳调和理论，体质热燥的应该多喝凉性的茶，体质寒凉的应该多喝温性的茶。

2. 顺四时喝茶

不同的季节有不同的特点，人体也会随之发生变化，所以中医讲养生要合于四时。喝茶也是一种很好的养生习惯，不同的茶对身体有不同的影响，与季节变化也密切相关，所以喝茶也讲究顺应四时，我们应当根据季节的变化选择不同品类的茶。

春天宜喝花茶。春天人容易犯困，容易因为春雨绵绵而心情郁结、困倦乏力，而喝一些香气高扬的花茶可以缓解春困带来的不良影响，因为花茶甘凉而兼芳香辛散之气，有利于散发积聚在人体内的冬季寒邪，促进体内阳气生发，令人精气神振奋，理气解郁消春困。

夏天宜喝绿茶。夏天气候炎热、盛暑逼人，而绿茶性寒，“寒可清热”，最能下火祛暑。夏天细菌活跃，绿茶中的成分有一定的抑菌作用，同时又不会伤害肠胃中有益菌的繁衍，有助于缓解炎热引起的肠胃不适。夏天还可以喝白茶、黄茶、苦丁茶、轻发酵乌龙茶、普洱生茶等。

秋天宜喝乌龙茶。秋季气候干燥、余热未消，人体易燥热，这时候最适宜品饮乌龙茶，因为乌龙茶性平和、不寒不热，可缓解秋燥，益肺润喉，清除体内积热。且乌龙茶所含多酚类物质有一定的抗氧化作用，还可防止皮肤干燥老化，对血管也有一定的保护作用。同时，乌龙茶含有丰富的芳香物质，使人闻之心旷神怡、神清气爽、心情愉悦。

冬天最宜品饮普洱熟茶、红茶。冬天天气寒冷，人的肢体容易受寒，人体的活力随之降低，情绪也容易变得低落，这时可以选择饮用性温的茶，以温暖肠胃和身体、增强活力、提高抵抗力，缓解因天气变化而带来的低落情绪。而红茶、黑茶味甘性温，助于怡养脾胃，且消食解腻。

3. 选对时辰喝茶

一日之中有十二时辰，在不同的时辰喝不同的茶总能带给人不同的感受；而选对时辰喝茶，除了给人以心理的慰藉，还有助于身体的健康。

辰时（7:00—9:00），适合饮用较为清淡的茶。因为经过一个晚上的睡眠，人体消耗了大量的水分而使血液浓度变高，喝一杯淡茶水，不但能快速补充身体所需的水分、清理肠胃，还可以稀释血液、降低血压，对便秘也能起到预防和缓解的作用。

这时适合喝红茶，因为红茶可以促进血液循环、祛除体内寒气、让大脑供血充足。需要注意的是，应在吃完早餐后喝茶，因为茶叶中含有咖啡碱，空腹饮用会让肠胃吸收过多的咖啡碱，使人出现心慌、尿频等不适症状。

品茶

巳时（9:00—11:00），正值一天中第一个黄金时段，此时人们的工作效率最高、精神状态最饱满，可以随自己的品饮喜好选喝任一款茶，以有效缓解疲劳、保持心情舒畅。

午时（11:00—13:00），太阳正运行到天宇之中，光线最强烈，人体最容易肝火旺盛，且刚刚吃过午餐，也最容易犯困，所以最宜寻得三两好友聊天品茶。此时可饮用适量的青茶和绿茶，以缓解肝火旺盛的症状、提神助消化，保持一下午的神清气爽。

未时（13:00—15:00），正值一天中第二个黄金时段，这时的人们刚从午睡中醒来。为了抓住黄金时刻，上班的饮茶人可以选喝一杯自己喜欢的茶品，以提神醒脑、增强活力，随后全身心投入工作，高效完成任务。

申时（15:00—17:00），适合喝下午茶。因为这个时间身体比较疲乏，特别是处于工作中的人，喝杯茶可以有效改善身体状态。下午茶最好选择乌龙茶和绿茶。比如清香型铁观音性凉，可以清肝胆热；而且茶叶中含有丰富的维生素 E，可以减少细胞耗氧量，使人更有耐久力，保持好的工作状态。绿茶有利尿排毒的功能，可使排尿通畅等。

戌时（19:00—21:00），此时日落黄昏，天清地静，适合安静地读书或做一些其他喜欢的事，比如坐下来品一杯温和的茶，享受一天中最后的惬意。很多人对晚上喝茶有误解，怕引起失眠。其实只要喝对了茶，反而对修补和恢复人体免疫系统有很好的作用。晚上喝茶要注意避免饮用未发酵的茶，如绿茶，否则会对人体有一定的刺激；可以选择黑茶，尤其是熟普洱，茶性温和，口感醇厚，既暖胃又帮助消化，而且不影响正常的睡眠。

4. 注意喝茶禁忌

禁忌过热、过冷、过浓、隔夜、变质、串味的茶；禁忌空腹、睡前、服药前后喝茶；饭前饭后一小时内不宜饮茶，发烧时不宜饮茶，醉酒后不宜饮浓茶；不宜短时间内连续喝好几种不同的茶；儿童和经期、孕期、哺乳期的女性不宜多饮茶或只饮淡茶；脾胃虚寒者不宜喝绿茶、生普等性质偏凉的茶，可以选择喝红茶、熟普、老茶等性质更为温和的茶；缺铁性贫血患者、胃溃疡患者、习惯性便秘患者、神经衰弱患者等不宜喝茶。

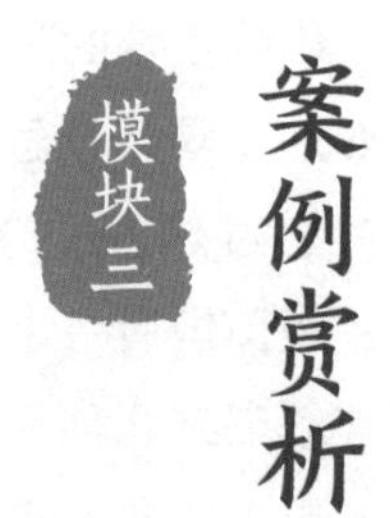

素质目标

1. 学会品鉴一些代表性茶品。
2. 掌握六大茶类的品鉴方法。

茶叶品质主要通过感官审评的方式，从茶叶的外形、香气、汤色、滋味、叶底五个方面来鉴定，包括看干茶、开汤后先嗅香气次看汤色再尝滋味后评叶底五个品鉴步骤。看干茶，即通过嫩度、条索、色泽、整碎、净度五个方面看干茶的外形，从而判断品鉴对象所属茶类、品名、产地、质量等级等；评叶底，即通过老嫩、软硬、匀杂、整碎、色泽和开展与否来评定茶叶的优次。这里简单介绍几款代表性茶叶的品鉴方法。

一、白牡丹的品鉴

白牡丹简介：

白牡丹属白茶类。它以绿叶夹银色白毫芽形似花朵，冲泡之后绿叶托着嫩芽，宛若蓓蕾初开，故名白牡丹。白牡丹为福建特产，产区分布在福建政和、建阳、松溪、福鼎等县，主要采用政和大白茶和福鼎大白茶良种茶树芽叶为原料。白牡丹的制造只经萎凋、干燥两道工序。白茶分特级、一至三级。

白牡丹干茶、茶汤、叶底

白牡丹品质特征

外形	两叶抱芽，叶态自然，色泽深灰绿或暗青苔色，叶张肥嫩，呈波纹隆起，银白毫心肥壮，叶背遍布洁白茸毛，叶缘向叶背微卷，芽叶连枝
香气	香味鲜醇
汤色	杏黄或橙黄，清澈
滋味	清醇微甜，毫香持久
叶底	叶底嫩匀完整，叶脉微红

二、西湖龙井的品鉴

西湖龙井简介：

西湖龙井产于浙江省杭州市西湖区，一向以“狮（峰）、龙（井）、云（栖）、虎（跑）、梅（家坞）”五地区所产为西湖龙井茶，其他地方的称为浙江龙井（据2001年10月国家质检局发布的公告）。西湖龙井共分特级、一至五级六个等级，特级西湖龙井一向有“色绿、香郁、味甘、形美”的品质特征。色绿——上品的西湖龙井呈黄绿色，俗称“糙米色”；香郁——豆香（油煎蚕豆瓣香），香气持久幽远；味甘——入口味觉丰富、有厚度，茶汤顺滑，回甘迅速，香甜清雅，喝完满口甜味；形美——叶底嫩绿，匀齐成朵。

西湖龙井干茶、茶汤、叶底

西湖龙井品质特征

外形	外形扁平光滑、挺直，色泽绿黄带糙米色，均匀整齐
香气	香气清香持久，类似炒豆的鲜醇嫩香
汤色	汤色嫩绿明亮
滋味	滋味鲜醇甘爽
叶底	芽叶细嫩成朵、均匀整齐、嫩绿明亮

三、蒙顶黄芽的品鉴

蒙顶黄芽简介：

蒙顶黄芽属于黄茶，产于四川省名山区蒙顶山，鲜叶采摘标准为一芽一叶初展。蒙顶黄芽制工精细，有杀青、初包、复炒、复包、三炒、堆积摊放、四炒、烘焙、包装入库九道工序。

蒙顶黄芽干茶、茶汤、叶底

蒙顶黄芽品质特征

外形	外形扁直，全芽披毫，嫩黄油润
香气	香气清纯，甜香馥郁
汤色	汤色杏黄明亮
滋味	滋味鲜爽甘醇
叶底	叶底全芽，黄亮匀齐

四、凤凰单丛的品鉴

凤凰单丛简介：

凤凰单丛茶产自广东省潮州市潮安区凤凰山，凤凰单丛是从国家级良种凤凰水仙群体品种中经过选育繁殖的优异单株，因单株培育、单株采制而得名，且成品茶品质优异、花香果味沁人心脾，具独特的山韵。凤凰单丛茶最突出的特点就是香型丰富，目前已有的香型就有百余种，如黄枝香、芝兰香、玉兰香、蜜兰香、杏仁香、姜花香、肉桂香、桂花香、夜来香、茉莉香等。

凤凰单丛干茶、茶汤、叶底

凤凰单丛品质特征

外形	条索紧结、肥壮、挺直、匀整，色泽黄褐呈鳝鱼皮色，油润有光，并有朱砂红点
香气	具天然优雅花香，香气清高持久
汤色	汤色金黄似茶油，清澈明亮，沿碗壁有金黄色光圈
滋味	滋味醇爽回甘，山野韵味悠长
叶底	肥厚软亮，叶底边缘朱红，叶腹黄亮

五、正山小种的品鉴

正山小种简介：

正山小种是世界上第一款红茶，是红茶的起源。其产于福建省崇安县星村乡桐木关一带，又称“桐木关小种”或“星村小种”。政和、坦洋、北岭等地仿制的统称“外山小种”或“人工小种”。正山小种经松木熏制而成，有着非常浓烈的松烟香。

正山小种干茶、茶汤、叶底

正山小种品质特征

外形	外形条索壮实、紧结，色泽乌润，均匀整齐
香气	香气纯正高长，似桂圆干香或带松烟香
汤色	汤色橙红明亮
滋味	滋味醇厚回甘，似桂圆汤味
叶底	叶底肥厚软嫩，呈古铜色

六、普洱熟茶的品鉴

普洱熟茶简介：

普洱熟茶是以云南大叶种晒青毛茶为原料，经过渥堆发酵等工艺加工而成的茶。鲜采的茶叶，经杀青、揉捻、晒干之后成为晒青毛茶，再以晒青毛茶为原料，经过渥堆发酵、干燥制成熟茶散茶，或再经过蒸压干燥制成紧压茶。普洱生茶与普洱熟茶一样，成品后还继续着自然陈化过程，具有越陈越香的独特品质。

普洱熟茶干茶、茶汤、叶底

普洱熟茶品质特征

外形	条索细嫩、金芽显著、干净
香气	陈香
汤色	红浓透亮
滋味	口感顺滑、醇厚饱满、回甜持久
叶底	红褐，鲜活，条索匀整

七、茉莉花茶的品鉴

茉莉花茶简介：

茉莉花茶干茶、茶汤、叶底

茉莉花茶是我国花茶的大宗产品，产于广西、福建、广东、湖南、四川、云南等地。茉莉花茶是用经过加工干燥的茶叶，与含苞待放的茉莉鲜花窨制而成的再加工茶。茉莉花茶因采用窨制的原料不一，分为茉莉烘青、茉莉炒青、花龙井、花大方、特种茉莉花茶等。

茉莉花茶品质特征

外形	外形如针，满披白毫
香气	茉莉花香高扬、持久
汤色	淡黄清澈明亮
滋味	鲜爽、回甘持久
叶底	叶底嫩匀柔软

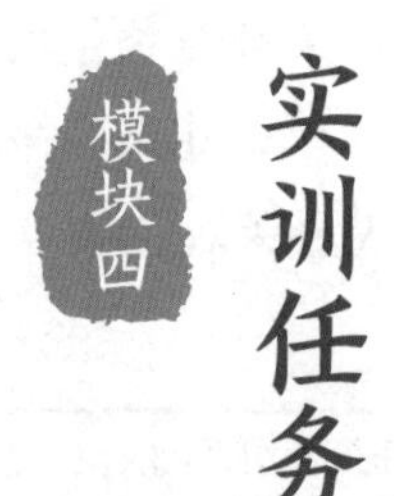

实训项目一：认识茶叶

任务一：了解茶树起源

任务目标：了解茶树起源。

实训方法：教师讲解，学生分组实践，采取竞技模式，学生自评和教师点评。

实训内容：学生分组在课后运用多种途径收集资料，查找更多关于茶起源的文字、图片、故事等，下节课以视频或 PPT 的形式在课堂上展示。

实训评分表

班级：　　　　组别：　　　　学号：　　　　姓名：

实训项目	评价内容	组内自评	小组互评	教师点评
知识	茶树起源	□优 □良 □差	□优 □良 □差	□优 □良 □差
能力	查找、分析、归纳、整理、表述能力	□优 □良 □差	□优 □良 □差	□优 □良 □差
综合评价：□优 □良 □差		提升建议：		

考核时间：　　年　　月　　日　　　　　　考评教师（签名）：

任务二：学会茶叶分类

任务目标：熟悉茶叶的分类，掌握六大茶类的品质特征。

实训方法：教师示范讲解，学生分组练习。

实训内容：教师准备六大茶类的代表茶叶，学生分组讨论、辨别各类茶叶。

实训报告单

班级：　　　　　　组别：　　　　　　学号：　　　　　　姓名：

序号	茶叶名称	品质特征					所属茶类
		外形	香气	汤色	滋味	叶底	
1							
2							
3							
4							
5							
6							

实训项目二：学会茶叶的鉴别与贮藏

任务一：学会鉴别茶叶

任务目标：掌握茶叶常见的鉴别方法。

实训方法：教师示范讲解，学生分组练习。

实训内容：（1）教师准备春茶、夏茶、秋茶、冬茶四款茶叶，学生分组练习鉴别；（2）教师准备新茶、陈茶两款茶叶，学生分组练习鉴别。

实训报告单（春茶、夏茶、秋茶、冬茶的鉴别）

实训项目：　　　　班级：　　　　组别：　　　　学号：　　　　姓名：

序号	品质特征					属什么季节的茶？（春茶、夏茶、秋茶、冬茶）
	外形	香气	汤色	滋味	叶底	
1						
2						
3						
4						

实训报告单（新茶、陈茶的鉴别）

实训项目：　　　　班级：　　　　组别：　　　　学号：　　　　姓名：

序号	品质特征			属新茶还是陈茶？
	外形	香气	滋味	
1				
2				
3				

任务二：学会选购茶叶

任务目标：学会选购优质的茶叶。

实训方法：教师示范讲解，学生分组练习。

实训内容：教师准备几款茶品（包含优质茶、劣质茶），学生从中挑选出优质茶品。

实训报告单

实训项目：　　　班级：　　　组别：　　　学号：　　　姓名：

序号	品质特征				属优质茶还是劣质茶？
	外形	色泽	香气	滋味	
1					
2					
3					
4					

任务三：掌握茶叶的贮藏方法

任务目标：熟练掌握茶叶的贮藏方法。

实训方法：教师示范讲解，学生分组练习。

实训内容：学生分组实践贮藏茶叶的几种方法。

实训报告单

实训项目：　　　班级：　　　组别：　　　学号：　　　姓名：

序号	茶叶名称	贮藏方法及其步骤	原因
1			
2			
3			
4			
5			
6			

实训项目三：学会科学饮茶

任务一：掌握各种茶类的养生功效

任务目标：掌握各种茶类的养生功效。

实训方法：教师讲解，学生分组练习。

实训内容：学生分组讨论，然后运用角色扮演法，每组派一名学生扮演茶艺师，从茶的营养成分、养生功效角度向客人（由同组其他组员扮演）推销出一款茶。

任务二：学会科学饮茶

任务目标：了解喝茶禁忌，学会科学饮茶。

实训方法：教师讲解，学生分组练习。

实训内容：（1）学生从教师准备的几款茶中找到适合自己的一款茶，并说出原因；（2）学生分组讨论，运用角色扮演法，每组派出一名学生扮演茶艺师，向客人（由同组其他组员扮演）介绍四季适宜饮用的茶类并说明原因。

实训报告单 1

实训项目：　　　班级：　　　组别：　　　学号：　　　姓名：

序号	茶叶名称	必填项目			
		所属茶类	特点	是否适合你	原因
1					
2					
3					
4					
5					
6					

实训报告单 2

实训项目：　　　班级：　　　组别：　　　学号：　　　姓名：

序号	季节	必填项目	
		所选茶类	选择原因
1	春		
2	夏		
3	秋		
4	冬		

实训项目四：学会品鉴茶叶

任务：掌握品鉴茶叶的方法

任务目标：熟练掌握品鉴茶叶的方法。

实训方法：教师示范讲解，学生分组练习。

实训内容：教师准备几款代表性名茶，学生分组练习品鉴茶叶。

实训报告单

实训项目：　　　　班级：　　　　组别：　　　　学号：　　　　姓名：

序号	茶叶名称	品质特征				
		外形（嫩度、条索、色泽、整碎、净度）	香气	汤色	滋味	叶底
1	白牡丹					
2	西湖龙井					
3	蒙顶黄芽					
4	凤凰单丛					
5	正山小种					
6	普洱熟茶					
7	茉莉花茶					

拓展知识：六大茶类审评术语

一、白茶常用评语

（一）干茶外形评语

毫心肥壮：芽肥嫩壮大，茸毛多。

芽叶连枝：芽叶相连成朵。

叶缘垂卷：叶面隆起，叶缘向叶背卷起。

破张：叶张破碎。

蜡片：表面形成蜡质的老片。（高等级的白茶中出现蜡片，代表净度不佳。）

银芽绿叶、白底绿面：毫心和叶背银白色茸毛显露，叶面为灰绿色。

灰绿：绿中带灰色，属于白茶的正常色泽。

橄榄色：绿稍深，略有光泽，属于白茶正常光泽。

铁板色：深红而暗似铁锈色，无光泽。

（二）汤色评语

浅黄：黄色较浅。

浅橙黄：橙色稍浅。

黄亮：黄而清澈明亮。

微红：色泛红。（萎凋阶段若出现红变，茶汤有可能泛红，对于白茶非正常茶汤。）

（三）香气评语

嫩爽：鲜嫩、活泼、爽快的嫩茶香气。

毫香：白毫显露的嫩芽所具有的鲜爽香气。

清鲜：清高鲜爽。（多数为原料细嫩，带有清香和毫香。）

鲜纯：新鲜纯和，有毫香。

酵气：白茶萎凋过度，带发酵气味。（多伴有叶底的红变。）

青臭气：白茶萎凋不足或火功不够，有青草气。

（四）滋味评语

清甜：入口感觉清鲜爽快，有甜味。

醇爽：醇而鲜爽，是白茶的正常滋味。

醇厚：醇而甘厚，是白茶滋味较佳的表现。

青味：萎凋不足而导致的茶味淡而青草味重。

（五）叶底评语

肥嫩：芽头肥壮，叶张柔软、厚实。

红张：萎凋过度，叶张红变。

暗张：色暗黑，多为雨天制茶导致死青。

暗杂：叶色暗而花杂。

二、绿茶常用评语

（一）干茶外形评语

细紧：条索细长紧卷而完整，有锋苗。

细嫩：细紧完整，显毫。

卷曲：呈螺旋状或环状卷曲的茶条。

弯曲：条索不直，呈钩状或弓状。

嫩绿：浅绿微黄透明。

黄绿：绿中带黄，绿多黄少。

扁片：粗老的扁形片茶。扁片常出现在扁茶中。

扁平光滑：茶叶外形扁直平伏，光洁平滑，为优质龙井茶的主要特征。

糙米色：嫩绿微黄的颜色。（1）用于描述早春杭州狮峰地区生产的特级“西湖龙井”的外形色泽，与茶叶的自然品质有关；（2）龙井茶在辉锅时因温度过高，使茶叶色泽变黄，人为地形成糙米色，其品质欠佳，带老火或足火的香味。

嫩匀：细嫩，形态大小一致。多用于高档绿茶。也用于叶底审评。

嫩绿：浅绿新鲜，似初生柳叶的颜色，富有生机。为避免重复，对同一款茶审评时，一般不连续使用，也用于汤色、叶底审评。

扁瘪：茶叶呈扁形，质地空瘪瘦弱。多见于低档茶与朴片茶。

枯黄：色黄无光泽。多用于粗老绿茶。

枯灰：色泽灰，无光泽。多见于粗老绿茶，常表现色泽枯灰，只能作低档茶拼配使用。

陈暗：色泽失去光泽变暗。多见于陈茶或失风受潮的茶叶。也用于汤色、叶底审评。

肥嫩：芽叶肥，锋苗显露，叶肉丰满不粗老。多用于高档绿茶。也用于叶底审评。

肥壮：芽叶肥大，叶肉肥厚，形态丰满。多用于大叶种制成的各类条形茶。也用于叶底审评。

匀净：大小一致，不含梗朴及夹杂物。常用于采、制良好的茶叶。也用于叶底审评。

灰暗：色泽灰暗无彩。如炒青茶失风受潮后，色泽即变灰暗。

灰绿：绿带灰白色。多见于辉炒过分的绿茶。

银灰：茶叶呈浅灰白色而略带光泽。多用于外形完整的多茸毫、毫中隐绿的高档烘青型或半烘半炒型名优绿茶。

露梗：茶叶中显露茶梗。多见于采摘粗放、外形毛糙带梗的茶叶。

露黄：在嫩茶中含较老的黄色碎片。多用于拣剔不净、老嫩混杂的绿茶。

墨绿：干茶色泽呈深绿色，有光泽。多见于春茶的中档绿茶或炒制中茶锅上油太多所致。

绿润：色绿鲜活，富有光泽。多用于上档绿茶。

短碎：茶条碎断，无锋苗。多因条形茶揉捻或轧切过重所致。

卷曲：茶条呈螺旋状弯曲卷紧。

粗壮：茶身粗大，较重实。多用于叶张较肥大、肉质尚重实的中下档茶。

粗老：茶叶叶质硬，叶脉隆起，已失去萌发时的嫩度。用于各类粗老茶。也用于叶底审评。

毛糙：茶叶外形粗糙，不够光洁。多见于制作粗放之茶，如眉茶精制过程中不经过辉炒的茶叶就显得毛糙。

重实：茶叶以手权衡有沉重感。用于嫩度好、条索紧结的上档茶。

松散：外形松而粗大，不成条索。多见于揉捻不足的粗老长条绿茶。

松泡：茶叶外形粗松轻飘。常用于下档条形茶。

茸毫：茶叶表层的茸毛。其数量与品种、嫩度和制茶工艺有关。常见于芽叶肥嫩、多毫的名优绿茶。

老嫩混杂：在同级茶叶或鲜叶中老嫩叶混合和不同级别毛茶归堆不清等而产生。

也用于规格乱：茶叶外形杂乱，缺乏协调一致感。多用于精茶外形大小或长短不一。

花杂：茶叶的外形色泽杂乱，净度较差。也用于叶底审评。

颗粒：细小而圆紧的茶叶。用于描述绿碎茶形态及颗粒紧结重实的茶叶。

身骨：描述茶叶质地的轻重。茶叶身骨重实，质地良好；身骨轻飘，则较差。身骨的轻重取决于茶叶的老嫩，“嫩者重，老者轻”。

上段茶：也称“面张茶”。同一批的茶中体形较大的茶叶。在眉茶中通常将过筛孔孔数 4 ～ 5 孔的茶称为上段茶。

下段茶：同一批茶叶中体形较小的部分。通常指 10 孔以下的茶叶。

中段茶：茶身大小介于上段与下段茶之间，通常指 6 ～ 8 孔茶。

起霜：绿茶表面光洁，带有银灰色光泽。用于经辉炒磨光的精制茶。

夹杂物：混杂在茶叶中无饮用价值的非茶类物质，如泥沙、木屑、铁丝及其他植物枝叶等。

焦斑：在干茶外形和叶底中呈现的烤伤痕迹。常见于炒干温度过高的炒青绿茶或杀青温度过高的制品。也用于叶底审评。

黄头：色泽发黄、粗老的圆头茶。

轻飘（飘薄）：质地轻、瘦薄、容量小。常用于粗老茶或被风选机吹出的茶。

爆点：绿茶上被烫焦的斑点。常见于杀青和炒干过程中锅温过高，叶表被烫焦成鱼眼状的小斑点。

（二）汤色评语

浅黄：色黄而浅，亦称淡黄色。

浅绿：色淡绿而微黄，是绿茶较佳的汤色表现。

黄绿：色泽绿中带黄，有新鲜感。多用于中高档绿茶汤色。也用于叶底审评描述。

黄亮：颜色黄而明亮。多见于香气纯正、滋味醇厚的上中档绿茶或存放时间较长的名优绿茶汤色。也用于叶底审评描述。

嫩黄：浅黄色。多用于干燥工序火温较高或不太新鲜的高档绿茶汤色。也用于叶底审评描述。

橙黄：汤色黄中微泛红，似枯黄或杏黄色。

红汤：汤色发红，失去绿茶应有的汤色，多因制作技术不当所致或陈茶。

黄暗：汤色黄显暗。

青暗：汤色泛青，无光泽，是加工或采摘原料不佳的表现。

泛红：发红而缺乏光泽。多见于杀青温度过低或鲜叶堆积过久、茶多酚产生酶促氧化的绿茶汤色。也用于叶底审评描述。

浅薄：汤色浅淡，茶汤中水溶物质含量较少，浓度低。

浑浊：茶汤中有较多的悬乳物，透明度差。多见于揉捻过度或酸、馊等不洁净的劣质茶茶汤。

起釉：指不溶于茶汤而在表面飘浮的一层油状薄膜。多见于粗老茶表层含蜡质和灰尘多，或泡茶用水含三价铁多，水的 pH 值大于 7。

（三）香气评语

馥郁：香气鲜浓而持久，具有特殊花果的香味。

高爽持久：茶香饱满而持久，浓而高爽，有强烈的刺激感。

鲜嫩：具有新鲜悦鼻的嫩茶香气。

清高：清香高爽而持久。

清香：香气清纯爽快，香虽不高但很幽雅，是较常见的细嫩绿茶香气。

花香：香气鲜锐，似鲜花香气。

栗香：似熟栗子香，强烈持久，是较细嫩原料良好工艺常见的香气表现。

高火香：炒黄豆似的香气。干燥过程中温度偏高制成的茶叶，常具有高火香。

纯正：香气正常、纯正。表明茶香既无突出的优点也无明显的缺点，用于中档茶的香气评语。

粗青气（味）：粗老的青草气（味）。多用于杀青不透的下档绿茶。也用于滋味审评。

焦糖气：足火茶特有的糖香。多因干燥温度过高，茶叶内所含成分开始轻度焦化所致。

粗老气（味）：茶叶因粗老而表现的内质特征。多用于各类低档茶，一般四级以下的茶叶带有不同程度的粗老气（味）。也用于滋味审评。

烟焦气（味）：茶叶被烧灼但未完全炭化所产生的味道。多见于杀青温度过高，部分叶片被烧灼释放出的烟焦气味又被在制茶叶吸收所致。也用于滋味审评。

纯和：香气纯而正常，但不高。

火香：焦糖香。多因茶叶在干燥过程中烘、炒温度偏高造成。在不同的茶叶消费区，“火香”的褒贬含义不同，如山东一带认为稍有火香的绿茶香气好，而江、浙、沪地区则相反。

水闷气（味）：陈闷沤熟的不愉快气味。常见于雨水叶或揉捻叶堆积、不及时干燥等原因造成。也用于滋味审评。

焦气（味）：茶叶异味。鲜叶在高温下快速失去水分变焦化时产生的异味，见于炒干温度过高的绿茶。审评中也常可见已变硬变黑的叶底。也用于滋味审评。

生青：如青草的生腥气味。因制茶过程中鲜叶内含物缺少必要的转化而产生。多见于夏秋季的粗老鲜叶用滚筒杀青机所制的绿茶。也用于滋味审评。

平和：香味不浓，但无粗老气味。多见于低档茶。也用于滋味审评。

青气：成品茶带有青草或鲜叶的气息。多见于夏秋季杀青不透的下档绿茶。

老火：焦糖香味。常因茶叶在干燥过程中温度过高，使部分碳水化合物转化产生。也用于滋味审评。

足火香：茶叶香气中稍带焦糖香。常见于干燥温度较高的制品。

陈闷：香气失鲜，不爽。常见于绿茶初制作业不及时或工序不当。如二青叶摊放时间过长的制品。

陈熟：指香气、滋味不新鲜，叶底失去光泽。多见于制作不当、保存时间过长或保存方法不当的绿茶。

陈霉气：茶叶霉变而产生的气味。多见于含水率大于10%又处在适合霉菌生长的环境的绿茶。在绿茶中出现陈霉气味，为次品劣变茶。也用于滋味审评。

陈气（味）：香气滋味不新鲜。多见于存放时间过长或失风受潮的茶叶。也用于滋味审评。

钝熟：香气、滋味术语。茶叶香气、滋味缺乏鲜爽感。多用于存放时间过长、失风受潮的绿茶。

（四）滋味评语

浓烈：味浓不苦，收敛性强，回味甘爽。

鲜浓：口味浓厚而鲜爽，含香有活力。

鲜爽：鲜洁爽口，有活力。

醇厚：汤味尚浓，有刺激性，味略甜。

醇和：汤味欠浓，鲜味不足，但无粗杂味，较正常。

熟闷味：滋味熟软，沉闷不快。多见于失风受潮的名优绿茶。

生味：因鲜叶内含物在制茶过程中转化不够而显生涩味。多见于杀青不透的绿茶。

生涩：味道生青涩口。夏秋季的绿茶如杀青不匀透，或以花青素含量高的紫芽种鲜叶为原料等，都会产生生涩的滋味。

浓涩：味道浓而涩口。多用于夏秋季生产的绿茶。杀青不足、半生不熟的绿茶，滋味大多浓涩，品质较差。

粽叶味：一种似经蒸煮的粽叶所带的熟闷味。多见于杀青时间长且加盖不透气的制品。

收敛性：茶汤入口后，口腔有收紧感。

味淡：由于水浸出物含量低，茶汤味道淡薄。多见于粗老茶。如用修剪所得枝叶制得的茶叶一般味很淡。

苦涩：茶汤味道既苦又涩。多见于夏秋季制作的大叶种绿茶。

青涩：味生青，涩而不醇。常用于杀青不透的夏秋季绿茶。

味浓：茶汤味道浓，口感刺激性强。多用于夏秋季大叶种绿茶。但味浓对绿茶而言不一定是好茶，尤其是名优绿茶忌滋味过浓。

走味：茶叶失去原有的新鲜滋味。多见于陈茶和失风受潮的茶叶。

苦味：味苦似黄连。被真菌危害的病叶如白星病或赤星病叶片制成的茶带苦味；个别品种的茶叶滋味也具有苦味的特性；用紫色芽叶加工的茶叶，因花青素含量高，也易出现苦味。

味鲜：味道鲜美，茶汤香味协调，多见于高档绿茶。

火味：干燥工序中锅温或烘温太高，使茶叶中部分有机物转化而产生似炒熟黄豆的味道。

粗淡（薄）：茶味粗老淡薄。多用于低档茶，如“三角片”茶，香气粗青，滋味粗淡。

粗涩：滋味粗青涩口。多用于夏秋季的低档茶，如夏季的五级炒青茶，香气粗糙，滋味粗涩。

（五）叶底评语

翠绿：色绿如青梅，鲜亮悦目。

嫩绿：叶质细嫩，色泽浅绿微黄，明亮度好。

黄绿：绿中带黄，亮度尚好。

青绿：色绿似冬青叶，欠明亮。（可能为采摘雨水叶所致。）

靛青：又称“靛蓝”。冲泡后的茶叶呈蓝绿色。多见于用含花青素较多的紫芽种所制的绿茶，汤色浅灰、香气偏生青、味浓涩的夏茶比春茶更多见。

红梗：绿茶叶底的梗红变，可能为杀青时升温过慢所致。

红叶：绿茶叶底的叶肉红变，可能由于鲜叶没有及时付制，导致红变所致。

单薄：叶张瘦薄。多用于长势欠佳的小叶种鲜叶制成的条形茶。

叶张粗大：大而偏老的单片、对夹叶。常见于粗老茶的叶底。

芽叶成朵：芽叶细嫩而完整相连。

生熟不匀：鲜叶老嫩混杂、杀青程度不匀的叶底表现，如在绿茶叶底中存在的红梗红叶、青张与焦边。

青暗：色暗绿，无光泽。多见于夏秋季的粗老绿茶。

青张：叶底中夹杂色深较老的青片。多见于制茶粗放、杀青欠匀欠透、老嫩叶混杂、揉捻不足的绿茶制品。

青褐：色暗褐泛青。一般用于描述下档绿茶。

花青：叶底红里夹青。多见于用含花青素较多的紫芽种制成的绿茶。

瘦小：芽叶单薄细小。多用于施肥不足或受冻后缺乏生长力的芽叶制品。

摊张：摊开的粗老叶片。多用于低档毛茶。

黄熟：色泽黄而亮度不足。多用于茶叶含水率偏高、存放时间长或制作中闷蒸和干燥时间过长以及脱镁叶绿素较多的高档绿茶的叶底色泽。

焦边：也称烧边。叶片边缘已炭化发黑。多见于杀青温度过高，叶片边缘被灼烧后的制品叶底。

舒展：冲泡后的茶叶自然展开。制茶工艺正常的新茶，其叶底多呈现舒展状；若制茶中温度过高使果胶类物质凝固或存放过久的陈茶，叶底多数不舒展。

露筋：茶梗及叶脉因揉捻不当，皮层破裂，露出木质部。

三、黄茶常用评语

（一）干茶外形评语

肥直：全芽芽头肥壮挺直，满披茸毛，形状如针。

梗叶连枝：叶大梗长，为霍山黄大茶外形特征。

鱼子泡：干茶有如鱼子泡大的烫斑。

金镶玉：专指君山银针。芽头金黄的底色满披白色银毫，是特级君山银针的特色。

金黄光亮：芽头肥壮，芽色金黄，油润光亮。

黄褐：黄中带褐，是黄茶正常色泽。

褐黄：褐中带黄，光泽较差。

黄青：青中带黄。

（二）汤色评语

浅黄：黄较浅，明亮。

杏黄：浅黄略带绿，清澈明亮。

黄亮：黄而明亮。

深黄：色黄较深但不暗，是黄茶正常的汤色。

橙黄：黄中微泛红，似橘黄色。

（三）香气评语

清鲜：清香爽，细腻持久。

嫩香：清爽细腻，有毫香。

清高：清香高而持久。

清纯：清香纯和。

板栗香：似熟栗子香。

高爽焦香：似成熟的原料炒青香，强烈持久。

松烟香：带有松木烟香。（特殊种类黄茶的香气。）

（四）滋味评语

甜爽：爽口而有甜感。

醇爽：醇而可口，回味略甜。

鲜醇：鲜而爽口，甜醇。

（五）叶底评语

肥嫩：芽头肥壮，叶质厚实。

嫩黄：黄里泛白，叶质柔嫩，明亮度好。

黄亮：叶色黄而明亮。

黄绿：绿中泛黄。

四、乌龙茶常用评语

（一）干茶外形评语

蜻蜓头：茶条肥壮，叶端卷曲，紧结似蜻蜓头。

螺钉形：茶叶造型卷曲如螺钉形，紧结、重实，又描述作“蝌蚪状”。

壮结：茶条壮实而紧结。

扭曲：叶端褶皱重叠的茶条，多见于武夷岩茶。

砂绿：色如蛙皮绿而有光泽，是优质乌龙茶的一种色泽。

青褐：色泽青褐带灰光，又称宝光。

鳝皮色：砂绿蜜黄似鳝鱼皮色。

蛤蟆背色：叶背起蛙皮状砂粒白点。

乌褐：乌中带褐色，有光泽。

枯燥：干枯无光泽。

（二）汤色评语

蜜绿：汤色清澈，绿中略带微黄，是轻发酵乌龙茶的常见汤色。

蜜黄：汤色黄而稍浅，清澈，是发酵适中、焙火较轻的乌龙茶常见汤色。

金黄：茶汤清澈，以黄为主，带有橙色。

橙黄：黄中带微红，似橙色或橘黄色。

橙红：橙黄泛红，清澈明亮，是中度以上发酵、烘焙程度较深的乌龙茶常见汤色。

红汤：浅红色或暗红色，常见于陈茶或烘焙过度的茶。

（三）香气评语

岩韵：香味方面具有特殊品种香味特征，兼具地域特征，具有岩骨花香的风格，为武夷岩茶所特有。通常使用“有岩韵”或“岩韵显”来形容。

音韵：香味方面具有品种香、地域香和工艺香结合的特征，清幽隽永，是铁观音茶特有的风格。

馥郁：带有浓郁持久的特殊花果香，称为浓郁；比浓郁更雅和更有层次感的称为馥郁。

清高：香气清长，但不浓郁。

闷火：乌龙茶烘焙后，没有及时摊凉而形成的一种令人不快的火功气味。

急火：烘焙升温过快、火候过猛所产生的不良火气。

（四）滋味评语

浓厚：味浓而不涩，浓醇适口，回味清甘。

鲜醇：入口有清鲜醇厚感。

醇厚：浓纯可口，回味带甜。

醇和：味协调而带甜，鲜味不足，无粗老杂味。

粗浓：味粗而浓，入口有粗糙辣舌之感。

苦涩：苦而带涩，是做青不当、原料采摘不当所致。

老火：烘焙过度而导致味道带有过量的火功味。

（五）叶底评语

绿叶红镶边：做青适度，叶缘朱红或鲜红明亮，中央浅黄绿色或青色透明。

柔软、软亮：叶质柔软称为“柔软”，加之叶色发亮有光泽称为“软亮”。

青张：无红边的叶色叶片，多为单张。

暗张：叶张发红，夹杂暗红叶片的称为“暗张”。

五、红茶常用评语

（一）干茶外形评语

细紧：条索细长挺直而紧卷，有锋毫。

细秀：原料细条索卷紧，锋苗显露，造型优美，是高级工夫红茶的形状。

细嫩：条细紧，金黄色芽毫显。

紧结：条形茶条索卷紧而挺直，是工夫红茶正常的造型。

壮结：芽叶肥壮而卷紧，是大叶种条形红茶的造型。

皱缩：颗粒虽卷得不紧但边缘褶皱，是片型茶好的形状。

毛衣：细筋毛，红碎茶中出现较多。

筋皮：嫩茎和茶梗揉碎的皮。（红碎茶中含有一定的筋、梗是正常现象。）

乌润：乌黑而有光泽，有活力。

乌黑：乌黑色，稍有活力。

栗褐：褐中带红棕色。

枯红：色红而枯燥，是较老原料加工成红茶的常见色泽。

灰枯：色灰红而无光泽。

（二）汤色评语

红艳：汤色红而鲜艳，金圈厚。

红亮：汤色不甚浓，红而透明，有光彩。

深红：汤色红而深，无光泽。

浅红：汤色红而浅。

冷后浑：红茶汤冷却后出现浅褐色或橙色乳状的浑汤现象，为大叶种优质红茶的表现。

姜黄：红碎茶茶汤加牛奶后，汤色呈姜黄明亮。

粉红：红碎茶茶汤加牛奶后，汤色呈粉红明亮似玫瑰色，是红碎茶较好的表现。

灰白：红碎茶茶汤加牛奶后，呈灰暗浑浊的乳白色，是汤质淡薄的标志。

（三）香气评语

鲜甜：鲜爽带甜香。

高甜：香高，持久有活力，带甜香，多用于高档工夫红茶。

甜纯：香气纯和，虽不高但有甜感。

高香：香高而持久。

强烈：刺激强烈，浓郁持久，具有活力。

花果香：香气鲜锐，类似某种花果的香气，如玫瑰香、兰花香、苹果香、麦芽香等，是优质红茶的香气表现。

松烟香：带有浓烈的松木烟香，为传统正山小种红茶的香气特征。

青气：萎凋和发酵不足所带有的青草气。

（四）滋味评语

鲜爽：鲜而爽口，有活力。

鲜甜：鲜而带甜。

浓强：茶味浓厚，刺激性强。

鲜浓：鲜爽、浓厚而富有刺激性。

甜和：味并不浓但很协调，具有一定的甜味。

酵味：发酵过度或发酵时透气性差导致的不愉快的气味。

青味：发酵不足而带有的青草味。

（五）叶底评语

红艳：芽叶细嫩，红亮鲜艳悦目。

红亮：红亮而泛艳丽之感。

红暗：红显暗，无光泽，多是萎凋不佳所致。

乌暗：叶片如猪肝色，为透气性差导致的发酵不良的红茶常见色泽。

乌条：叶色乌暗不开展。

花青：叶底带有青色，红里夹青，是发酵不均匀的表现。

六、黑茶常用评语

（一）干茶外形评语

泥鳅条：茶条圆直较大，状如小泥鳅。

折叠条：茶条折弯重叠状。

端正：砖或饼身形态完整，表面平整，棱角或线条分明。

纹理清晰：砖面花纹、商标、文字等标记清晰。

紧度适合：压制松紧适度。

起层落面：里茶翘起并脱落。

包心外露：里茶露于砖茶表面。

金花普茂：茯砖茶中特有的金黄色孢子俗称“金花”，金花普遍茂盛，品质尤佳。

丝瓜络：渥堆过度，复揉中叶脉和叶肉分离。

缺口：砖面、饼面及边缘有残缺现象。

脱面：饼茶盖面脱落。

烧心：压制茶中心部分发黑或发红。

斧头形：砖身一端厚一端薄，形似斧头状。

乌润：乌而油润。

猪肝色：红而带暗似猪肝色，为金尖的色泽。

黑褐：褐中泛黑，为黑砖的色泽。

青褐：褐中带青，为青砖的色泽。

棕褐：褐中带棕，为康砖的色泽。

黄褐：褐中显黄，是茯砖的色泽。

青黄：黄中带青，新茯砖多为此色。

铁黑：色黑似铁，为湘尖的正常色泽。

半筒黄：色泽花杂，叶尖黑色，柄端黄黑色。

（二）汤色评语

橙黄：黄中略泛红。

橙红：红中泛橙色。

红暗：红而深暗。

深红：红较深，无光亮。

棕红：红中泛棕，似咖啡色。

棕黄：黄中带棕。

黄明：黄而明亮。

黑褐：褐中带黑。

红褐：褐中泛红。

（三）香气评语

菌花香：茯砖茶发花正常所发出的特殊香气。

松烟香：松柴熏焙带有松烟香，为湖南黑毛茶和六堡茶等传统香气特征。

陈香：香气陈纯，无霉气。

酸馊气：渥堆过度发出的气味。

霉气：霉变的气味。

烟焦气：茶叶焦灼生烟发出的气味。

（四）滋味评语

陈醇：滋味醇厚带陈香而无霉味。

醇浓：醇厚浓烈。

醇正：厚重柔和。

醇和：味欠浓，较平和。

粗淡：味淡薄，喉味粗糙。

（五）叶底评语

硬杂：叶质粗老、坚硬，多梗，色泽驳杂。

薄硬：叶质老，瘦薄较硬。

青褐：褐中泛青。

黄褐：褐中带黄。

黑褐：褐中泛黑。

红褐：褐中泛红。

第二篇 茶艺

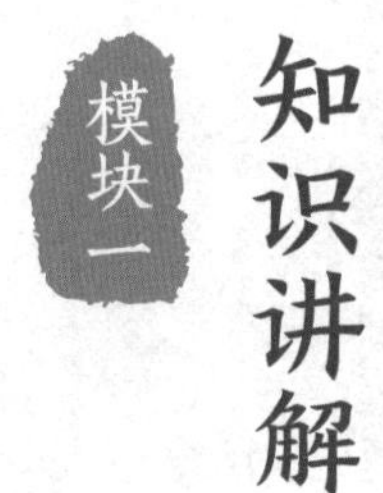

知识讲解

学习目标

1. 学会基本的行茶礼仪。
2. 了解事茶过程中的常用礼节。

在这里，我们要讲一讲行茶礼仪。"礼"是社会生活中由于风俗习惯而形成的为大家共同遵守的仪式。"仪"在中华民族的文化里是人的一种外在表现形态，但这形态却来自人的内在修养。"行茶礼仪"则是一个宽泛的概念，在事茶活动中表现为贯穿始终的仪式，是艺术的符号，也是事茶师个人魅力和人格修养的体现，包括仪容仪表、仪态举止、语言表达等方面的规范和要求。

一、仪容仪表规范

仪容主要指人的容貌，仪表即指人的外表，它包括容貌、神态、发型、服饰、风度、个人卫生等。仪容仪表是一个人精神面貌的外在表现，体现了一个人的文化修养、文化水平、审美情趣。

（一）容貌神态

在茶事礼仪活动中，事茶者不一定要长得很漂亮，气质决定魅力，所以要时刻保持容貌精神、大方端庄、朴素典雅，神态从容自如、富有自信，对人不卑不亢、表情平和、常带笑意。在茶事礼仪中，可适当化妆以助于改善事茶的仪表，同时表达敬意。女生化妆应以自然、恬静、素雅为基调，忌浓妆艳抹；男生不留胡须，以整洁清爽为原则。

茶人沏茶图

（二）发型

在茶事礼仪活动中，事茶者的发型也很重要，应根据气质和脸型选择大方、整洁、舒适的发型。总的来说要注意以下几点：梳理整齐长或短发；勿遮眼睛或脸庞；勿佩戴过于耀眼的头饰；勿梳过于时髦或繁杂的发型。切忌以下几点：头发有异味、有头屑；涂抹香味过浓的发胶；泡茶时头发掉下来或散落到前面。

（三）手型

沏茶手势

在茶事活动中，事茶者的手往往是被关注的焦点，客人要观看泡茶的全过程。所以事茶者要注意以下几点：平时适当保养双手，保持清洁；指甲需修剪齐整；在事茶前先洗净双手；忌涂抹指甲油。

（四）服饰

服饰在茶事活动中的作用亦是不可忽视的，事茶者的服饰一般以中式为宜，可选适于茶事活动的职业服装——茶人服。茶人服的材质，以天然材料为主，有香云纱、绵、麻等面料。具有宽简、质朴、舒适、大方的特点。茶人服取茶文化之“静、清、柔、和”的特点，吸收汉服的宽缓、庄静之美与唐装流畅、舒适的特点，并融合现代服饰的简约设计理念，裁体舒简、色系清素、式样典雅，将传统服饰文化赋之于现代，充分体现出中国人文精神中独有的中和之美。

茶服

除茶人服外，事茶者亦可根据茶事环境自由选取其他服饰，但应注意袖口不宜过宽，以免沾到茶具或茶水；服装的颜色不宜太鲜艳，要与整个事茶环境的颜色基调保持一致；饰品应与服装搭配协调，不宜佩戴过大、过多、过于耀眼的饰物，不宜佩戴手表或手镯等饰物。

二、仪态举止规范

茶事活动主要通过事茶者的一举一动、一颦一笑来完成，举止有度，让观者得到一种美的享受。事茶的每一个动作都要连贯柔和、有节奏有韵律，从而给人赏心悦目的感受。

（一）出场

在一场正规的茶事活动中，出场是事茶者留给人的第一印象，所以很重要，需掌握以下原则：上身挺直，目光平视，面带微笑，肩部放松，呼吸自然，手臂自然前后摆动，手指自然弯曲，行走时身体重心稍向前倾，跨步脚印为一条直线，每一步前后脚之间的距离应该在 30 厘米左右。转弯时，向右转则右脚先行，反之亦然。出场整个过程要时刻注意面部表情，因为眼神是面部表情的最核心要素，所以特别要做到眼神自然内敛、目光笼罩全场，切忌表情紧张、左顾右盼、眼神不定。

（二）侍站

侍站时，女士需脚跟并拢直立，挺胸收腹，目视前方，双肩平正，自然放松，双手虎口交叉自然置于侧腰处或小腹处，嘴微闭，面带微笑；男士则双脚呈外八字微分开，身体挺直，眼平视，双肩放松，双手交叉置腹肌处，亦可自然下垂置身体两侧，面部表情平和。

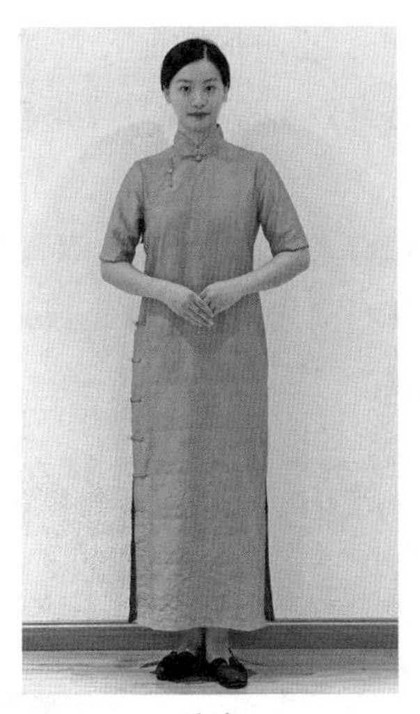

站姿

（三）鞠躬

鞠躬即弯腰行礼，细分有真礼、行礼和草礼三种形式。

真礼用于主客之间。行礼时，将两手沿大腿前移至膝盖，腰部顺势前倾，低头弯腰 90°，稍作停顿，表示对客人真诚的敬意；然后慢慢直起上身，表示对客人连绵不断的敬意。

行礼用于客人之间，低头弯腰 40° ～ 60°。

草礼用于说话前后，略欠身即可，低头弯腰 10° ～ 30° 。

鞠躬从行礼姿势上分站式鞠躬、坐式鞠躬、跪式鞠躬三种。事茶过程中，一般在进场后即采用站式鞠躬，鞠躬后方能入座。

站式鞠躬规范如下：左脚向前，右脚跟上，其中女士右手轻轻搭在左手上且四指合拢置于小腹前，男士可双臂自然下垂、手指自然并拢然后双手呈“八”字形轻扶于双腿上，缓缓弯腰，动作轻松，自然柔和，直起时速度和俯身速度一致，目视脚尖，缓缓起身，面带微笑。

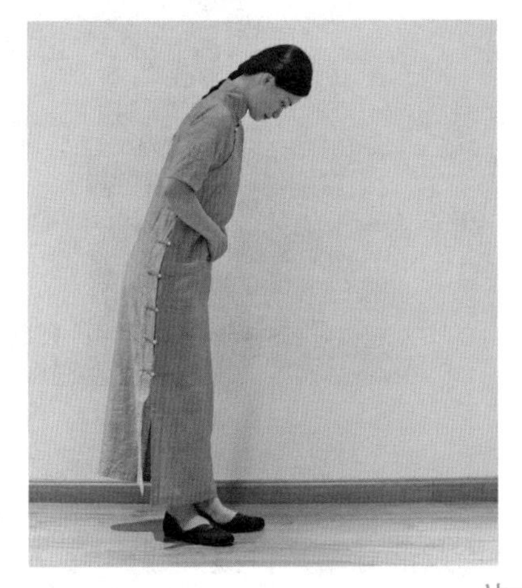

站式鞠躬

坐式鞠躬是在坐姿的基础上，头身向前倾，双臂自然弯曲，手指自然合拢，双手掌心朝下自然平放于双膝上，或双手呈“八”字形轻放于双腿中后部位置，直起时目视双膝缓缓直起，面带微笑。

跪式鞠躬是在跪姿的基础上，头身向前倾，双臂自然下垂，手指自然合拢，双手掌心朝下呈“八”字形，或掌心向内，或平扶，或垂直放于地面双膝的位置，直起时目视手尖缓缓直起，面带微笑。

坐式鞠躬

跪式鞠躬

（四）坐姿

事茶者经常需要坐着为宾客进行茶叶冲泡服务，所以，坐姿要稳重、端雅、自如。女士从侧面入座，身体保持与茶台的距离为一个拳头或一个半拳头宽，坐凳子的二分之一或三分之一，挺胸收腹，眼平视，有笑意，两腿收拢侧放，双手虎口交叉放在大腿中部或茶席的茶巾上；男士上身挺直，眼平视，两腿平行或微八字分开并与地面垂直，两手放在大腿中部，身体与茶台的距离以方便操作为宜。

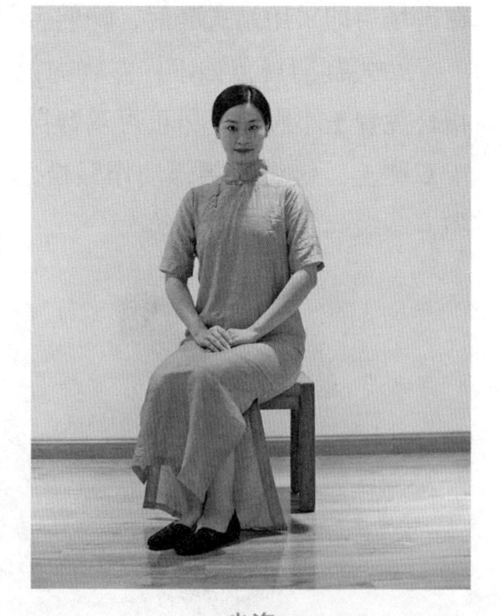

坐姿

（五）奉茶

奉茶分两种情况：客人落座较远处，应端茶敬客，双手持杯，恭敬奉杯。有副泡时，主副泡一同离座，由副泡托奉茶盘，至客人前行礼后主泡敬茶。客人落座在茶台旁，茶泡好后，微笑伸手致意“请”茶，或将茶杯放在客人前方，然后右边客人伸右手请茶，左边客人伸左手请茶。请茶时，手指合拢，大拇指收至掌心，手势轻柔自然。

（六）事茶过程中的礼节

1. 伸掌礼

向客人敬奉各种物品时都简用此礼，表示“请”或“谢谢”的意思。当两人相对时，可均伸右手掌对答表示；当两人侧对时，右侧方伸右掌、左侧方伸左掌对答表示。伸掌姿势是：五指并拢，虎口分开，手掌略向内凹，手心向上，左手或右手从胸前自然向左或右伸出，侧斜之掌伸于敬奉的物品旁，同时欠身点头。动作要一气呵成。

2. 寓意礼

“凤凰三点头”：即手提水壶高冲低斟反复三次，寓意是向客人三鞠躬以示欢迎。

“纹饰的方向”：如果茶具上面有字或纹饰，应将字或纹饰部分朝向客人，以表示敬意；放置茶壶时，壶嘴不能正对客人，以免在冲泡时水突然冒出来影响客人。

伸掌礼

带纹饰的茶器

“斟茶量”：斟茶时，只斟七分满即可，正所谓“七分茶三分情，人情十分矣”；且茶太满容易烫手，不利于客人品饮，就是“茶满欺客”。客人喝过几口茶后，应为其续杯，绝不可以让茶杯见底，寓意“茶水不尽，慢慢饮，慢慢叙”。

三、语言表达规范

茶事活动是一种文明高雅的活动，它在语言交往过程中要求：语言文明，语气委婉，音量适中，充分体现出主动、热情、周到、谦虚的态度，根据不同的对象恰当运用服务敬语，做到客到有请、客问必答。

比如：在整场茶事活动中，主客初见面时，主人作为事茶者就应落落大方而又不失礼节地自报家门，最常用的语言有："大家好，我叫某某，很高兴为大家泡茶。"泡茶开始前，应简单介绍一下所冲泡的茶叶名称以及这种茶的文化背景、产地、品质特征、冲泡技巧等。在奉茶过程中，可以用"您好，请用茶"等敬语。当宾客离开时，说"再见"或"欢迎再来"。注意在整个事茶过程中，事茶者须做到语言精练、语意明确、语调亲切，给客人以亲切舒适的感受。

拓展阅读

礼记·玉藻（节选）

足容重，手容恭，目容端，
口容止，声容静，头容直，
气容肃，立容德，色容庄。

模块二 技能实操

技能目标

1. 认识各种茶器。
2. 学会因茶选器。
3. 掌握沏茶四大要素。
4. 掌握不同茶类的冲泡技法。

一、茶器的选用

“工欲善其事，必先利其器。”冲泡茶叶，除了好茶好水外，还要有好的茶器。三者相得益彰，方能成就一盏色、香、味、形、韵俱全的茶汤。茶器，泛指制茶、泡茶、饮茶过程中使用的各种器具，在这里特指泡茶、饮茶所用到的器具，包括主茶具和辅助茶具两大类。

（一）常用茶器介绍

主茶具是指用来泡茶、饮茶的主要器具，包括盖碗、茶壶、玻璃杯、品茗杯、公道杯、闻香杯、茶盘、杯托、水盂等。

1. 盖碗

盖碗

盖碗又称“三才杯”，由杯盖、茶碗、杯托三部分组成，杯盖在上而谓之“天”，杯托在下而谓之“地”，茶碗居中而谓之“人”，蕴含了天、地、人合一的中国智慧。盖碗兼具泡茶和饮茶两种功能：作为泡茶器具时，可以冲泡各种茶叶；作为饮茶器具时，可以替代茶杯品饮。盖碗有瓷质的，也有玻璃盖碗和紫砂盖碗，现在用的多为瓷质盖碗。因瓷质盖碗经高温烧制而成，质地坚密，具有导热快、不吸味等优点，适合冲泡各种茶叶。选择盖碗时应注意选碗沿有一定外翻弧度的，这样容易拿取，冲泡时不易烫手。

2. 茶壶

茶壶是用来泡茶的器具，由壶盖、壶身、壶底和圈足四部分组成。由于壶的把、盖、嘴、身、底可以有很多设计上的差别，所以形成了侧把壶、提梁壶、扁形壶、方形壶等近 200 种壶型，加上壶身上的绘画、装饰，使茶壶更显其多姿风采。茶壶质地多样，如紫砂、陶、瓷、玻璃等，目前使用较多的是紫砂壶和瓷质茶壶。壶的容积有大有小，小壶适合独自酌饮，大壶适合多人品饮。选择茶壶时应注意拿取的手感和出水的顺畅程度：倾壶倒水时，水流顺畅至壶里滴水不存为佳；如水流断断续续且有洒漏现象，则不可取。

紫砂茶壶、瓷壶

3. 玻璃杯

玻璃杯可用来泡茶、饮茶，常用的为直筒型厚底玻璃杯，其容量约 120 ～ 200 毫升。玻璃杯材质通透，便于观察茶汤色泽和芽叶形态。

玻璃杯

4. 品茗杯

品茗杯是用来品茶的杯子，材质上有瓷、紫砂、玻璃、陶等，杯型有斗笠形、碗形、敞口形等。挑选品茗杯时应将杯子的质地、色泽、杯型三大因素考虑在内，注意与茶壶（盖碗）、茶汤的适配度，也应照顾个人的舒适度，以握拿舒服、入口顺畅为宜。

品茗杯

5. 公道杯

公道杯又称“茶海”，用来盛放泡好的茶汤，将茶汤均匀分到每个品茗杯中，使每个杯子里的茶汤浓度和口味相同。在茶道里面讲究众生平等、茶汤均分，公道杯的这一功能体现了众生平等，所以称为“公道杯”。公道杯有瓷质、玻璃、紫砂、银等各种质地且形态各异，有些带柄，有些不带炳。在茶艺表演或冲泡工夫茶时，茶壶（盖碗）、公道杯、品茗杯是三大主角，所以选择公道杯时以与茶壶（盖碗）和品茗杯相配为佳，亦可在杯口放置一个滤网，以过滤茶渣、茶末。

公道杯（有柄、无柄）

6. 闻香杯

闻香杯是专门用来嗅闻茶香的器具，一般只在茶艺表演或品饮高香乌龙茶的时候出现，不单独使用，需与品茗杯搭配使用，加一杯托则为一套闻香杯组。闻香杯比较小巧，杯身瘦高，杯口窄小，保温效果好，益于香气的聚集。闻香杯主要有瓷质、紫砂两种质地。选择闻香杯时应注意在外观上与品茗杯相协调，以瓷质为最佳；如果喜欢紫砂的闻香杯，也要选择内部有釉面的，因为紫砂容易吸附香气。

闻香杯

7. 茶盘

茶盘就是放置茶壶、品茗杯、公道杯等器具的垫底器具，其功能一是规整茶具，二是承接洒出的一些茶汤、茶叶。茶盘的质地不一，常用的有紫砂、竹质、木质、石质、瓷质、金属、玉质等。茶盘的形状各异，有单层的，适合用干泡法冲茶；也有双层的，上层有孔，下层有贮水盘和排水管道，适合用湿泡法冲茶，便于完成温具、洗茶、弃水等操作流程。

双层茶盘、单层茶盘

8. 杯托

杯托又称“杯垫”，是茶杯的垫底器具。杯托有紫砂、竹木、金属、玻璃、陶瓷等各种材质，且形状各异，富于美感。杯托的使用既可以增加泡饮茶的仪式感和美感，又可以防烫手，还可以避免杯子直接接触桌面烫出印记。

9. 水盂

水盂是用于盛放废水、茶渣等的器皿，俗称“滓方”。水盂有紫砂、竹木、金属、玻璃、漆器、陶瓷等各种材质，其形制多样且富于变化。挑选水盂时应注意与整面茶席的适配度，以小巧雅致、使用顺畅为最宜。当居家泡饮茶暂无专用水盂时，可用家中的大碗或者小鱼缸代替，亦别有一番风味。

杯托

水盂

（二）辅助茶具介绍

辅助茶具是指在煮水、备茶、泡饮等环节中起辅助作用的茶具，常用的有煮水器、茶道组、茶叶罐、茶荷、茶巾等。

1. 煮水器

煮水器是指用于煮开和盛放泡茶用水的器具，由热源和烧水壶两部分组成。热源有电磁炉、酒精炉、炭炉等，烧水壶有电水壶、不锈钢壶、陶壶、耐高温玻璃壶、铁壶、铜壶、银壶等。

电水壶、陶制炭炉＋陶制提梁壶

2. 茶道组

茶道组亦称“茶道六君子”“茶道六用”，包括茶匙、茶针、茶夹、茶拨、茶漏与茶筒。茶匙，从贮茶器中拨取干茶的工具，常与茶荷搭配使用；茶针，用来疏通紫砂壶嘴，防止阻塞；茶夹，用来夹取闻香杯和品茗杯，或将茶渣从茶壶中夹出；茶拨，从茶则中拨取干茶至茶壶或盖碗，常与茶针相连，一端为茶针，一端为茶拨；茶漏，用于扩大紫砂壶壶口面积，避免茶叶散落至壶外；茶筒，用来盛放茶匙、茶针、茶夹、茶拨、茶漏等用具的筒状容器。

茶道组

3. 茶叶罐

茶叶罐是储存茶叶的带盖罐子，必须无杂味、密封严实且不透光。茶叶罐有陶、瓷、竹木、锡、铁、不锈钢等材质。不同的茶类适用于不同材质的茶叶罐，可根据要储存的茶类选择茶叶罐。比如陶及紫砂罐透气性好，适合存放普洱茶、白茶；瓷罐密封性好，适合存放绿茶、红茶、乌龙茶。

茶叶罐

4. 茶荷

茶荷用于盛放待泡干茶，便于观赏干茶的外形和闻茶香，还可以根据茶类、外形、干茶香等来判断如何冲泡。茶荷形状多为有引口的半球形，以瓷质为主，也有竹、木、石、玉、锡、羊角等多种材质。

5. 茶巾

茶巾用于擦拭泡茶过程中茶具上的水渍、茶渍，尤其是茶壶、品茗杯侧面以及底部之水渍、茶渍，亦可在注水、续水时托垫壶底。茶巾应选择吸水性和透水性都很好的材质，还应注意颜色是否雅致、与茶具或茶席是否相配。茶巾在泡完茶以后需用清水漂洗干净，然后晾干使用。切记茶巾不是抹布，只能擦拭茶具上的水渍、茶渍以及手上沾的茶水，至于茶台上的其他杂物，建议用抹布擦拭，以免反过来污染茶具而影响茶的洁净度。

茶荷

茶巾

（三）泡茶器的选用

要想冲泡出一盏色、香、味、形、韵俱全的茶汤，除了选好茶好水外，还要选适宜的泡茶器具，因为其对茶汤品质的影响最直接，且其体积较大，具有审美的优先性。选择泡茶器，应注重茶器质地、茶器色泽、器型三大要素。

1. 茶器质地

茶器质地主要指茶器的密度，一般而言，密度高的茶器会使茶汤香味清扬，密度低的茶器会使茶汤香味低沉。同时，茶的风格也有清扬和低沉之分，如绿茶、花茶等特种茶就属于风格清扬的茶，而铁观音、水仙、普洱等茶则属于风格低沉的茶。同类风格的茶和茶壶搭配在一起才能相得益彰，比如，用致密美观的玻璃杯冲泡西湖龙井就更能显出“茶中皇后”的清香高雅，用温厚的老紫砂壶泡铁观音则愈发突出一股浑厚的气韵。

常用泡茶器材质的密度高低排名为玻璃、瓷器、陶器、漆器、竹（木）。

玻璃茶器具有质地透明、不透气、传热快的特点。以玻璃杯泡茶，能尽情欣赏茶叶在杯中上下飞舞、叶片舒展的姿态，增加了饮茶情趣，一般适用于冲泡具有美感的茶，如比较细嫩的绿茶、红茶、花茶等。如果用玻璃壶、玻璃盖碗，则对茶叶没有过多的限制，可以冲泡大多数茶类。

玻璃杯、玻璃壶

瓷质茶器经瓷土高温烧制而成，一般颜色较浅，如白瓷、青瓷等，看起来细腻、优雅，而且质地致密、不透气、不吸水、不吸味、散热性好，适合冲泡香气清扬的茶，如嫩度较高的绿茶、白茶、茉莉花茶、清香型铁观音、白毫银针等。

陶质茶器质地疏松，表面有颗粒感，透气性好，能吸附茶味，胎质厚，传热慢，不烫手，且看起来粗犷、古朴，所以适合冲泡风格厚重的茶，如蜜香型的红茶、武夷岩茶、重焙火的乌龙茶、寿眉、普洱等。比如用紫砂壶泡茶，既不夺茶真香，又无熟汤气，能较长时间保持茶叶的色、香、味，特别适合冲泡大红袍、老普洱、老白茶等。

瓷壶

紫砂茶器

因漆器、竹木茶器较小众，且这两种材质的表面一般会刷一层油脂防止开裂，加之竹木本身还有味道，容易影响茶味，所以并不适合泡茶而适合用来观赏与装饰。

2. 茶器色泽

白瓷茶器亮洁精致，搭配绿茶、红茶会令人赏心悦目；紫砂或较深沉的陶土制成的茶器显得朴实、自然，配以黑茶、乌龙茶等最为绝妙。若是在茶器外表施以釉色，釉色的变化可左右人的感官系统，如淡绿色系的青瓷用以冲泡绿茶、青茶感觉最为协调，乳白色的釉彩如“凝脂”很适合冲泡白茶和黄茶，青花、彩绘的茶器可以表现红茶、调味茶类，铁红、紫金、均窑之类的釉色则用以搭配冻顶乌龙、铁观音、水仙类的茶叶。

青花茶具、彩绘茶具

3. 器型

泡茶时，不同器型的泡茶器由于保温性和散热效果的不同，直接影响茶叶滋味、口感的呈现。口宽敞的盖碗类泡茶器，由于散热效果比较好，方便置茶、出汤、去渣，因此几乎适合冲泡所有茶类；而紫砂壶类泡茶器，散热效果较差但保温性强，则适宜冲泡对温度要求高的茶品如普洱茶、乌龙茶等，这样更利于其香气滋味的充分呈现。

我国紫砂壶器型繁多，从大类上分主要有方形、扁形、圆形，除外还有筋纹器、花器等。这些不同形状的紫砂壶既带来了不同的美感，也使泡茶的味道不尽相同。每款紫砂壶都有适合的一款茶叶与之搭配，让不同的茶叶呈现出不同的风味。圆形紫砂壶最适宜泡乌龙茶，因为乌龙茶茶叶呈卷球状，圆形壶为其提供了足够的空间，可让卷球状的茶叶完全舒展；当圆形壶注水之后，圆形的器壁可让水在壶里顺流而转，能更温润地将水与茶叶紧密结合，最容易将乌龙茶的香味激发出来。扁形壶最适合冲泡条索状的武夷茶、黑茶，因为这种壶壶身较扁平，具有十足的稳定感，能够让条索状的茶叶沉稳地定在壶里，尽情释放一身的香醇；当扁形壶注水后，较短的壶壁使得水流自然有了缓冲，加上壶内空间狭小，使茶叶更容易浸润于水中，温和地吐尽精华。方形壶在造型上引人注目，美观胜过实用；由于方形器的内部角度使茶叶不易滚动，水流容易被阻塞，用它泡乌龙茶，香气容易被闷住，茶汤滋味容易涩口，但可用其泡普洱熟茶、老白茶，能使普洱和老白茶的陈味尽出。

方形壶、扁形壶、圆形壶

待茶泡好后，不同器型的饮茶器则影响品茶者对茶叶香气、滋味的直接感受。从不同杯型的品茗杯中可探出其细微区别：

敞口或撇口杯（口径向外敞开或向外翻）如茶盏、六方杯、斗笠杯、斗方杯、马蹄杯、压手杯等，由于开口大，液体的表面张力最大，使茶汤入口时感觉最圆润，所以特别适合大口饮用普洱熟茶，但是聚香和聚味的程度较低。

茶盏、六方杯、斗笠杯、压手杯

敛口杯如鼓腹杯，因肚子略外鼓、口径略内收，使茶汤入口时圆润度稍低，但其聚香和聚味的效果比较明显，综合口感比较好，适合喝普洱生茶，且保温性好，也特别适合冬季饮用老茶。

鼓腹杯

其他杯型如直口杯、铃铛杯，由于杯身较深、口径较垂，使其聚香和聚味的效果最好、锐度最高，最能把茶叶的内在特质清晰地表现出来，所以最适合试各种茶。

直口杯、铃铛杯

当然，选配泡茶器，除了考虑茶器的质地、色泽、器型三大要素之外，还应将泡茶器的艺术性、与辅助茶器的匹配性、与环境的协调性、制作的精细度以及个人的喜好这些因素考虑在内，这样既可选定实用性与艺术性兼备的泡茶器，亦可在彰显茶汤品质的基础上呈现出令人赏心悦目的茶席，增添饮茶情趣。

各类茶席

（四）因茶选器

中国的茶叶品类丰富，按加工方法的差异分为白茶、绿茶、黄茶、青茶、红茶、黑茶和以花茶为代表的再加工茶七大茶类。因受产地、环境、树种、加工工艺等因素的影响，七大茶类的茶性差异很大，所以冲泡的手法、器具的选择差别也很大。为了冲泡好茶汤，圆满完成一场茶事活动，人们除了从茶器的质地、色泽、器型角度挑选茶器外，也更注重从茶性本身出发挑选茶器。从茶性角度挑选茶器，应遵循三条基本原则：第一，茶具材质能更好地呈现该茶品的茶性；第二，茶具花色、造型与整套茶艺表演成为一个相融的整体；第三，茶具随手，具有极强的实用性。

1. 绿茶

绿茶的本质特征是“清汤绿叶”，所以冲泡绿茶特别是西湖龙井、洞庭碧螺春、君山银针、黄山毛峰、庐山云雾等细嫩名优茶时，宜选择壁薄、易于散热、质地精密、孔隙度小、不易吸湿（香）的茶器为佳，这样才能使绿茶之清香、嫩香充分显露，并能保持茶汤和叶底的翠绿色。玻璃杯应无色、无花、无盖，宜赏形，适合针形茶、扁形茶；薄胎瓷杯或瓷质盖碗宜赏茶汤，适合碧螺春、信阳毛尖等细嫩显豪揉捻茶；紫砂壶最好是泥料细腻的老朱泥、天青泥所制之壶，以薄胎壶较好，待壶养出后冲泡绿茶，茶味极佳，再以挂釉杯具配之，否则品饮时易夺茶味。整体而言，无论冲泡何种细嫩名优绿茶，茶杯都宜小不宜大，大则水量多、热量大，易使茶芽泡熟、茶汤变色进而产生熟汤味。

2. 白茶

白茶属微发酵茶，经萎凋、干燥而成，制法最为简单，茶味也最为天然纯真，代表品种有白毫银针、白牡丹、寿眉等。冲泡此茶的器皿力求古朴、自然，以瓷器、陶瓷煎、泡为佳，辅具以本色竹木为上，忌豪华奢侈之器。比如白毫银针因茶形秀美可用玻璃器皿赏形，也可选用白瓷壶或盖碗，壶身碗底大一些，方便茶叶更好地舒展，有利于内含物质的析出，还可以欣赏到茶叶姿态。

适宜冲泡绿茶的茶器

适宜冲泡白茶的茶器

3. 黄茶

黄茶属轻微发酵茶，具有“黄汤黄叶”的品质特点，代表茶品有君山银针、蒙顶黄芽、霍山黄芽等。黄茶香气馥郁，汤色黄亮，滋味醇厚。冲泡此茶的器皿以瓷壶茶器为佳，可激发茶味；亦可用奶白、黄釉瓷或以黄、橙色为主色的彩瓷壶杯具、盖碗。

适宜冲泡黄茶的黄釉瓷茶器

4. 青茶

青茶属半发酵茶，分为闽南乌龙、闽北乌龙、广东乌龙、台湾乌龙四大支系，各大支系茶性同中有异，对茶器的要求也是各有不同，下面分别加以说明。

（1）闽北乌龙。

闽北乌龙是乌龙茶的发源地，以独特的“岩韵”著称，代表品种有大红袍、白鸡冠、水金龟、铁罗汉、水仙、肉桂等。其外形条索壮、焙火足、香气高、滋味厚，宜用宜兴老坑紫砂壶冲泡，因为老坑紫砂能吸收茶中部分火气、调柔岩茶中的刚猛之气，然后配以紫砂挂釉杯品赏茶汤。另外，白瓷盖碗也是较为常见的冲泡岩茶的器具。

适宜冲泡岩茶的茶器

（2）闽南乌龙。

闽南乌龙以铁观音、黄金桂等茶品闻名于世，其花香高扬、汤色明亮、叶底软亮有光泽，适合用白瓷盖碗冲泡，紫砂茶具亦可与之相称。

（3）广东乌龙。

广东乌龙以凤凰单丛为主要代表，其条形秀美、香气宜人，宜用潮汕朱泥壶冲泡。潮汕朱泥壶壶体致密坚硬，不上釉，取天然泥色，泥粒在烧制过程中形成结晶，结晶间有一定空隙，盛茶既不渗漏又有一定的透气性，由于是当地材质，与当地茶性最为相融，故此为最佳搭配。品茗杯以青花小杯为好。上等单丛叶底秀美、汤色艳亮，白瓷茶具宜于赏形、看汤色，亦可考虑。

适宜冲泡铁观音的茶器

适宜冲泡凤凰单丛的茶器

（4）台湾乌龙。

台湾乌龙，半球形茶如冻顶茶、阿里山茶等发酵较轻的茶类，宜用我国台湾本地所产瓷器。东方美人等重发酵茶，宜用我国台湾所产陶瓷，也可用宜兴所产紫砂茶具。

当然，乌龙茶因其共性相同，重在闻香啜味，均可用盖碗冲泡；若考虑其特性，对茶具的选择还是有区别为好。

5. 红茶

红茶属全发酵茶，具有“红汤红叶”的品质特征，代表茶品有祁门红茶、滇红金毫、正山小种等。冲泡红茶，一般采用瓷质、紫砂或玻璃的器具。一些好的红茶香气高远、滋味醇厚，因条形各异，故而对茶器要求略有不同。比如祁红宜用白瓷冲泡，用玻璃杯赏茶汤，便于衬托它的“宝光、金晕、汤色红艳”三大特点；金毫宜用玻璃器具赏形，亦可用盖碗；正山小种以紫砂茶具或陶器相配最佳，可抵去部分松烟气，使香气更加柔和、滋味更加醇厚。如果选择瓷器冲泡，瓷器色泽以白色或暖色调为好，最好是白瓷、白底红花瓷、红釉瓷，色泽或清雅或明艳，能更好地突出红茶的浓烈、温馨感。

适宜冲泡台湾乌龙的茶器

适宜冲泡红茶的茶器

6. 黑茶

黑茶是经过渥堆处理的后发酵茶，多以陈茶的形式出现，陈香、味醇是其主要特点，代表茶品有云南的普洱茶、广西的六堡茶、湖南的春尖等。黑茶可冲泡也可煎煮，宜选择陶制茶具或较粗砂粒的紫砂茶具，借茶具的吸附性消去茶叶存放中形成的不好的味道，使黑茶的优点更加突出。

7. 再加工茶

再加工茶是以六大基本茶类做原料经过再加工形成的新茶品，主要包括花茶、萃取茶、果味茶、紧压茶、药用保健茶和含茶饮料等几类。再加工茶的茶性由其茶胚而定，即茶胚是绿茶的按绿茶的茶性处理（如大部分花茶），茶胚是乌龙茶的按乌龙茶的茶性处理（如桂花乌龙等），茶胚是云南大叶种的熟普洱和陈年生茶（陈年生普洱）按黑茶处理，新制生茶饼按晒青绿茶处理。由于再加工茶是一个较大的概念，下面列举两个茶品说明，其他的茶品以此类推。

（1）花茶。

花茶是用茶叶和香花进行拼合窨制，使茶叶吸收花香而制成的香茶。花茶香气鲜灵浓郁、滋味浓醇鲜爽、汤色明亮，宜选用玻璃杯或白瓷杯冲泡以彰显花茶的优异品质，亦可用盖碗或带盖的杯冲泡以防止香气散失。茉莉花茶是花茶中的代表茶品，其造型优美、香气浓郁，传统上以青花或粉彩的盖碗为主流茶具，亦可用玻璃器皿冲泡以便于赏形。

适宜冲泡黑茶的茶器

适宜冲泡花茶的玻璃茶器

（2）紧压茶。

紧压茶是我国边远少数民族地区的人们极为喜爱的一种茶类，代表种类有米砖、黑砖、花砖、茯砖、湘尖、青砖、康砖等。大多数紧压茶原料粗老、外形坚实、香气纯正、滋味醇厚，所以适宜用铁锅等烹煮，亦可用陶或紫砂茶器冲泡，冲泡水温宜高不宜低。紧压茶也有老茶和新茶之分，冲泡老茶时应以紫砂壶为上选，有助于茶味的发挥，可以更有效地聚香；冲泡新茶的话，用盖碗可以更好地闻香。

适宜煮泡紧压茶的茶器

二、沏茶的要素

（一）水温要适度

水温对茶汤的质量起关键作用。原料细嫩的茶叶经开水泡时会煮熟茶叶，破坏茶叶中的芳香成分，滋味容易苦涩；但水温不够，茶叶香气出不来，茶汤的滋味则平淡。反复煮的水含钙过多导致水质过硬，尤其会失去氧分子，因此影响茶水质量，使其味道平淡、口感转钝。粗老原料的边销茶，却又需要放于锅中煮。时下不少人冲泡清香的乌龙茶喜用冰水，取“冷水泡茶慢慢浓”之意，口感清冽，香气细幽，亦别有一番风味。泡茶水温，时下茶书多有论述，但各人喜好的口味不一，也没有谁会随时随地携带一个温度计，因此煮水法自在心中，经反复实践可得矣。

煮水

古人已有专门的煮水学问，如“活水还需活火烹”，煮水的火力要猛以让水尽快受热。按水沸的程度可分成“一沸水”“二沸水”“三沸水”。“一沸水”即水沸腾前，一串细小的水泡从壶底涌起，如虾须的轻轻触动，故称“虾须水”；“二沸水”是指水即将沸腾，几串如鱼目大而圆的水泡不断涌动，亦称“鱼目水”；“三沸水”指水已全沸，水波翻腾涌动，如秋风过松林发出飒飒声响，故也称“松涛水”。当“二沸”将转到“三沸”，水珠涌动，这时水质新鲜、含氧量足，其温度最适宜泡茶。

（二）茶叶要适量

依茶器大小，不同种类的茶用量也不同：形状紧实或叶形细碎的茶叶就放少些；形状松散、叶形大片的则要投多些；原料细嫩的茶叶投茶量少些，原料粗老则多些；因冲泡习惯，乌龙茶投量远远高于其他类茶；口味的浓淡亦影响投茶量的多寡，比如男性喝茶投茶量就比女性多。可在一般规律中，再根据实际情况来做调整。

绿茶 3 克

红茶 6 克

乌龙茶 8 克

（三）时间要适当

若要冲出美味茶汤，要注意热水浸泡茶叶的时间：时间太短，茶叶内含物浸出不足，滋味太淡；时间过长，咖啡碱、茶多酚已全然溶解，茶汤苦涩不堪。同时还应注意，如茶叶用量少、茶形紧实，浸泡时间要长些；若茶叶用量大、茶形松散，浸泡时间要短些。当然水温的高低亦影响浸泡的时间，如用冷水泡茶则需静置半天，滋味才会慢慢转浓。

（四）续水要适宜

和世界其他地方泡茶不一样，中国茶大多是可多次冲沏的。其中红茶、乌龙茶、黑茶都是把第一泡倒掉，从第二泡起才算真正品味。茶叶冲泡次数和茶叶种类、茶叶用量、水温高低、浸泡时间有密切关系。于所有茶而言，当茶叶汤色浅、香气淡或无香、味薄或略呈水味时，即不应再续水。

续水

茶叶的种类		茶叶用量	热水温度	冲泡时间	冲泡次数
绿茶、黄茶、白茶、花茶		2～3g	75℃～90℃	1～3 分钟	3～4 泡
红茶		6g	90℃～100℃	30～45 秒	3～4 泡
青茶（乌龙茶）	细碎茶叶	8g	95℃～100℃	20～30 秒	7～8 泡
	中型茶叶	8～9g	100℃	30～40 秒	
	大片茶叶	8～10g	100℃	20～45 秒	
	紧实茶叶	6～8g	100℃	45～60 秒	
黑茶	新茶	3～5g	95℃～100℃	30～45 秒	7～8 泡
	陈茶	5～6g	100℃	45～60 秒	10～15 泡
备注：以 150 毫升的水量来计算					

三、常见冲泡技法

我国茶叶种类繁多，水质也各有差异。不同茶类的冲泡技法不同，泡出的茶汤就有不同的效果。要想泡好茶，首先需要根据茶叶的品质特点选择合适的冲泡用水与器具，掌握泡茶水温、茶与水的比例、浸泡时间、冲泡次数等冲泡要素，然后运用规范而优雅的冲泡手法，方可得到一杯香茗。冲泡完毕静品细啜，体会茶中韵味，获得精神享受。

（一）玻璃杯冲泡技法

玻璃茶器是泡茶常用的器具，有杯、盖碗、碗等。因玻璃茶器晶莹透明、传热快，以玻璃杯泡茶，既能欣赏茶叶在杯中上下飞舞、尽情舒展的姿态，又能欣赏清澈、明亮的茶汤，增添了饮茶情趣。玻璃茶器一般适用于冲泡外形优美的名优绿茶、花茶、高级细嫩黄茶、针形白茶等。

1. 玻璃杯冲泡的基本方法

以玻璃杯冲泡绿茶为例，由于各类绿茶的条索形状、紧结度和绒毛量的不同，按照投放茶叶和水的顺序，可采用上投法、中投法、下投法三种冲泡方法。

（1）上投法。

先注水至七分满，再置茶，冲泡水温以70℃～80℃为宜。其适合冲泡原料细嫩、芽叶纤细的卷曲形绿茶，如碧螺春、都匀毛尖、羊岩勾青等。这些绿茶毫多、细嫩，用上投置茶，茶叶以自身的重量慢慢沉入杯底，大部分茶毫依附在茶上下沉而极少漂在汤里，所以茶汤仍清澈、明亮，且能直观欣赏到芽叶缓缓坠下的零落之美。若用下投置茶，水的冲力使茶毫脱落，茶汤就会混浊，视觉效果则不佳。

（2）中投法。

先注水至三分之一处，置茶湿润泡，再用凤凰三点头手法注水至七分满。其适合冲泡芽形绿茶，如信阳毛尖、黄山毛峰等，水温以90℃左右为宜。用中投法的方式冲泡芽型绿茶，可欣赏到芽叶在玻璃杯中根根竖立、上下浮动的景象，颇有意趣。

碧螺春

信阳毛尖

（3）下投法。

先置茶叶，再加入少量开水，浸润后冲泡至七分满。其适合冲泡外形和体积较大、芽叶肥硕的扁形、兰花形、颗粒形等大部分绿茶，如西湖龙井、太平猴魁等，冲泡水温以90℃～95℃为宜，以利于茶汤滋味的充分释放。

绿茶玻璃杯冲泡应注意取茶量、水温、冲泡时间和次数。名优绿茶茶叶用量1∶50，水温控制在75℃～85℃；大宗绿茶茶叶用量1∶60，水温控制在85℃～95℃。冲泡时间及次数：第1泡2分钟，第2泡2～3分钟，第3泡3～4分钟。

2. 玻璃杯冲泡的基本步骤

西湖龙井

玻璃杯冲泡绿茶茶艺茶具位置示意图

下面具体介绍绿茶玻璃杯冲泡的基本步骤，本套茶艺选用中投法冲泡一款形状秀美、芽叶完整的名优绿茶。操作流程如下：

（1）备具。

准备好绿茶使用的主泡器具和辅助器具，将水烧沸，然后静置到90℃～95℃使用。器具包括无刻花透明玻璃杯（3个）、竹制茶盘（1个）、茶道组（1组，包括茶匙、茶夹、茶针、茶拨、茶漏）、茶荷（1个）、茶叶罐（1个）、提梁壶（1个）、水盂（1个）、茶巾（1块）。

（2）布具。

将茶叶罐、水盂端到桌面左侧，茶道组、茶荷和提梁壶端到桌面右侧，茶巾放在竹制茶盘的右下方，最后将玻璃杯按斜一字形分散放到茶盘中间。

（3）翻杯。

将倒扣的玻璃杯扶正，杯口朝上。

（4）赏茶。

用茶匙从茶叶罐中轻轻拨取适量茶叶入茶荷，供宾客观赏。

（5）温杯。

右手提壶，依次向玻璃杯逆时针注入1/3容量的开水，然后从右侧开始，右手捏住杯身，左手托杯底，轻轻旋转杯身，使玻璃杯内水沿内壁浸润一圈，温烫茶杯毕倒废水入水盂。

（6）置茶。

用茶匙将茶荷中的茶叶轻轻拨入玻璃杯中待泡，投茶量每杯约3克。

（7）浸润泡。

将提梁壶中热水依次注入玻璃杯中，水温80℃～85℃，注水量为茶杯容量的1/4。注意热水不要直接浇在茶叶上，应浇在玻璃杯的内壁上，以避免烫坏茶叶。

（8）摇香。

双手捧杯，逆时针慢速旋转一圈或快速旋转两圈，使茶叶香气能充分挥发。

（9）冲泡。

执提梁壶以高冲注水至玻璃杯七分满，使杯中茶叶上下翻滚、摇曳生姿，亦有助于茶叶内含物质浸出、茶汤浓度一致。

（10）奉茶。

双手端起杯托，将泡好后的绿茶放置奉茶盘，端盘至宾客前行礼奉茶，做出“请”的手势，邀请宾客品饮。

（11）收具行礼。

与布具顺序相反，将茶巾、茶荷、提梁壶、茶道组依次收置竹盘右侧，然后将水盂、茶叶罐放回竹盘左侧，最后将盛放有器具的竹盘双手端起，起身行礼，端盘退回。

（二）盖碗冲泡技法

盖碗冲泡红茶茶艺茶具位置示意图

盖碗可作泡茶器，亦可直接作为品茗碗，质地以瓷、玻璃为主，盖碗上有盖下有托，加盖后，茶汤温度不易降低、香气不易挥发，开盖后碗身开口大便于观茶汤色泽，杯托隔热不易烫手，一般适宜冲泡红茶、花茶、乌龙茶等，便于观色闻香。现以红茶为例，介绍盖碗冲泡技法。

盖碗冲泡红茶同样应注意投茶量、水温、冲泡时间和次数。一般泡红茶时，每碗放干茶 3 克左右，用沸水约 150 毫升冲泡（名优细嫩红茶冲泡时水温 90℃左右，大宗红茶由于茶叶原料老嫩适中，冲泡时水温 90℃～95℃）。第 1 泡约 2 分钟后便可饮用，第 2 泡约 2～3 分钟，第 3 泡约 3～4 分钟。一般 3 泡后味已淡，时间的把控重点以茶汤的颜色为准。红茶冲泡时间及次数的差异，与茶叶的种类、品质、泡茶水温、投茶量和饮茶习惯等都有关系。一般茶叶成熟度高、投茶量大、水温高，每泡浸润时间缩短，冲泡次数就多；反之，茶叶细嫩、投茶量小、水温低，各泡浸润时间就延长，冲泡次数则减少。

下面具体介绍红茶盖碗泡茶的基本步骤，本套茶艺以冲泡工夫红茶为例，选用内壁白色的红色盖碗、公道杯、品茗杯与同色系配套茶器，器具外壁色泽与红色茶汤同为暖色调，协调一致。操作流程如下：

（1）备具备水。

准备好冲泡红茶使用的主泡器具和辅助器具，将水烧沸，然后静置到 90℃～95℃使用。冲泡器具包括盖碗（1 个）、公道杯（1 个）、品茗杯（3 个）、杯托（3 个）、茶盘（1 个）、茶道组（1 个）、茶荷（1 个）、茶叶罐（1 个）、提梁壶（1 个）、水盂（1 个）、茶巾（1 块）。

（2）布具。

用双手把茶叶罐、提梁壶、水盂端到茶盘左侧，然后将茶道组、茶荷、杯托放到茶盘右侧，将茶巾放置茶盘正中下方，最后将盖碗、公道杯呈“外八字”放置茶盘中偏右侧，品茗杯呈“品字形”依次分布到茶盘左侧。

（3）翻杯。

将倒扣的品茗杯扶正，杯口朝上。

（4）赏茶。

用茶匙将茶叶罐中的茶叶轻轻拨入茶荷供宾客观赏。

（5）温具。

向盖碗和公道杯内注入 1/3 容量的开水，右手捏住碗身，左手托碗底，轻轻旋转碗身，使盖碗内水沿内壁浸润一圈，温烫盖碗后将废水倒入水盂，公道杯中水先分到品茗杯后，剩余水同盖碗一样浸润内壁后弃入水盂。

（6）置茶。

用茶匙将茶荷中茶叶轻轻拨入盖碗中，投茶量为 3 ～ 5 克（视容量大小而定）。

（7）浸润泡。

右手提水壶，按逆时针方向沿盖碗内壁注入 1/4 容量开水。

（8）摇香。

盖上盖子，逆时针慢速旋转盖碗 1 圈，使茶叶香气能充分挥发。

（9）冲泡。

用定点冲泡法向盖碗注水约七分满。候汤过程中温杯。

（10）分茶。

盖碗中的茶汤泡好后倒入公道杯，再将公道杯中的茶汤依次巡回低斟入品茗杯至七分满。

（11）奉茶。

双手端起杯托，将泡好的红茶放置奉茶盘，端盘至宾客前行礼奉茶，做出“请”的手势，邀请宾客品饮。

（12）收具行礼。

与布具顺序相反，将茶道组、茶荷、杯托、茶巾先收置茶盘右侧摆成直线，然后将公道杯、盖碗放置茶盘中间，最后将水盂、提梁壶、茶叶罐放回茶盘左侧，将盛放有器具的竹盘双手端起，起身行礼，端盘退回。

总结：红茶盖碗冲泡技法同样分表演类和生活类两种，当在日常闲暇时想品啜一杯红茶时，许多程式动作可适当删减，比如茶叶罐、茶荷可取其一，赏茶可取消，布具可提前准备好，有些程序可调换，比如温具的次序，可根据茶汤的浸出快慢决定冲泡方法，细嫩茶建议浸润泡，成熟、粗老或中大叶种的茶建议温润泡。

（三）紫砂壶冲泡技法

紫砂壶冲泡乌龙茶艺茶具位置示意图

紫砂壶可作泡茶器，亦可直接用于品茗。紫砂壶是深腹敛口的容器，透气性好，能吸附茶味，保温性能好，加盖后聚香，茶叶香气不宜挥发失散，一般适用于冲泡重发酵的乌龙茶、黑茶等。

以紫砂壶冲泡乌龙茶为例，首先同样要注意投茶量、水温、冲泡时间和次数。一般泡乌龙茶时，放干茶 8 克左右，用沸水冲泡，沸水冲泡利于茶香的挥发和茶叶内含物质的浸出（珠形乌龙茶冲泡时投茶量为器皿的 1/2 或 1/3，根据原料老嫩程度，水温可在 95℃～ 100℃；条形乌龙茶冲泡时投茶量为器皿的 2/3 或 3/4，水温需 100℃），冲泡乌龙茶要求快速出汤，根据原料的老嫩度，冲泡时间可在 30 ～ 60 秒间浮动，由于投茶量多，各泡浸润时间较短，一般乌龙茶可冲泡 6 ～ 8 次。

下面介绍乌龙茶紫砂壶冲泡技法，本套茶艺采用小壶双杯泡冲泡一款颗粒状的乌龙茶，小壶双杯是指一把小壶、几组品茗杯和闻香杯，小壶选用收口、深腹的壶以聚香；品茗杯以内壁白色为佳，便于观茶汤；闻香杯为圆柱状、稍高、略收口，用来闻香。操作流程如下：

（1）备具备水。

准备好冲泡乌龙茶使用的主泡器具和辅助器具，将水烧沸备用。冲泡器具包括紫砂壶（1 个）、品茗杯（4 只）、闻香杯（4 只）、杯托（4 个）、茶道组（1 组）、茶荷（1 个）、茶叶罐（1 个）、水盂（1 个）、茶船（1 个）、提梁壶（1 个）、茶巾（1 块）。

（2）布具。

将茶叶罐、提梁壶、水盂放在茶船左侧，茶道组、茶荷和杯托放于茶船右侧，将茶巾放于茶船中间下方靠近身前位置，将紫砂壶放于茶船中间内侧，将闻香杯放于茶船上左侧前方呈田字形，将品茗杯放于茶盘上右侧前方呈田字形。

（3）翻杯。

将倒扣的闻香杯、品茗杯依次扶正，杯口朝上。

（4）赏茶。

用茶匙将茶叶罐中的茶叶轻轻拨入茶荷供宾客观赏。

（5）温壶。

用沸水温茶壶，使茶壶均匀受热，亦起到洁具的作用，随后将温壶的水弃掉。

（6）投茶。

用茶匙将茶荷中备好的茶拨入壶内，投茶量依壶大小而定，一般以每克茶冲 50 ～ 60 毫升水的比例置茶。

（7）润茶。

采用高冲水，借水势推汤面击出茶香，并将第一泡茶依次倒入闻香杯、品茗杯。

（8）冲茶。

提壶高冲水，借水势推汤面击出茶香，盖上壶盖。候汤过程中，用闻香杯中茶汤淋壶，用品茗杯中茶汤温杯。

（9）匀茶。

将泡好的茶汤注入闻香杯，分三巡分汤，第一巡依次向闻香杯注入 1/3 茶汤，第二巡依次低斟至七分满，第三巡斟至适饮，以使每一杯茶汤的浓度基本一致。

（10）翻杯。

采用凤凰展翅之手法，将闻香杯内茶汤徐徐倒入品茗杯。

（11）奉茶。

将品茗杯放在杯托左侧，双手连托端起盖碗，放于奉茶盘，端盘至宾客前行礼奉茶，做出“请”的手势，邀请宾客品饮。

（12）收具行礼。

与布具顺序相反，将茶荷、茶道组依次放回茶船右侧，然后将茶壶放回茶船中间，最后将茶巾、水盂、提梁壶、茶叶罐放回茶船左侧，起身行礼，退回。

（四）煮茶法

煮茶茶艺茶具位置示意图

煮茶法始于先秦，完善于唐朝。中唐以前煮茶时加入葱、姜、橘皮、枣等，“煮饮”方式较为粗放，陆羽称之为“斯沟渠间弃水耳”。唐人对“煮茶”比较讲究，陆羽《茶经·五之煮》中详细阐述了煮茶用水、炭火和煮茶程序。唐朝的煮茶程序为炙、碾、罗（筛）、煮等，即先把蒸青团饼茶放在火上炙烤片刻后，放入茶臼或茶碾中碾成茶末，入茶罗筛选，将符合标准的茶末扫入茶盒中备用，随后，准备好风炉烧水，茶釜中放入适量的水，煮水至初沸（水沸腾冒出小细泡）时加入少量盐进行调味；到第二沸（水烧到锅边如涌泉连珠）时舀出一瓢滚水，以备三沸茶沫要溢出时止沸用，然后将茶末按与水量相应的比例投入水涡中心搅动；等到第三沸（水势如腾波鼓浪）时，将先前舀出来的热水重倒入茶釜，使水不再沸腾，起“止沸育华”的作用。当水再烧开时，茶香满室。这时茶已煮好，用勺子将沫饽均匀盛入茶盏中就可品饮了。

唐代阎立本《萧翼赚兰亭图》

唐代的煮茶法，煮的是蒸青团饼茶，现在已很少生产，特别是煮茶的器具非常复杂，目前除了在仿古茶艺演示中使用以外，现代人已很少用唐朝的煮茶法饮茶了。下面介绍一套适合现代人饮茶习惯的煮茶法，本套方法适用于煮饮六大茶类中的白茶和黑茶。白茶加工时不炒也不揉因而细胞破损少、茶汁浸出慢，黑茶采用的原料比较成熟且加工过程需要长时间堆积发酵，所以用煮茶法品饮一些有年份的白茶和黑茶会使茶味更醇厚、陈香更浓、韵味更足。操作流程如下：

（1）备具备水。

准备好煮茶用的器具和辅助器具，包括煮茶壶（1个）、炭炉（1个）、烧水壶（1个）、公道杯（1个）、茶叶罐（1个）、茶荷（1个）、茶匙（1个）、品茗杯（2个）、茶巾（1块）、水盂（1个）、茶盘（1个）。将炭火炉烧旺，烧水壶装水搁于炭火炉上煮水备用。

（2）布具。

把茶具放在方便拿取的地方便于煮茶品饮。

（3）温壶。

提烧水壶将沸水冲入煮茶壶，温烫后将水注入公道杯、品茗杯，温杯使其均匀受热，随后弃水。

（4）投茶。

用茶匙将茶叶罐中的茶叶轻轻拨入煮茶壶。正常情况下盖碗冲泡普洱茶的茶水比在1∶25左右，冲泡老白茶的茶水比在1∶30左右。煮茶的投茶量则需要减至平时冲泡时投茶量的2/3左右，喜欢喝浓茶的可以在此基础上进行适当的调整。

（5）润茶。

提烧水壶将沸水冲入煮茶壶，水没过茶叶，之后迅速将水倒入公道杯。

（6）煮茶。

向煮茶壶中注沸水至八分满，然后放在炭炉上煮，水沸腾时可出汤。

（7）分茶。

待水沸腾时，把煮茶壶的茶汤倒入公道杯，注意每次出汤 2/3，留下 1/3 再加水继续煮至沸腾即可品饮，这样利于延续茶汤的整体风格和韵味，随后将公道杯中茶汤依次均匀分至品茗杯。

（8）奉茶。

双手捧杯，行礼奉茶，可做出“请”的手势，邀请宾客品饮。

（9）品茶。

端起品茗杯，闻香、观色、品饮。

总结：煮茶是一件平心静气的事，煮茶过程中切忌心浮气躁、手忙脚乱，只有用心烹煮、掌握住节奏，才能让茶汤的风味俱现，方不辜负老茶多年陈化的光阴。

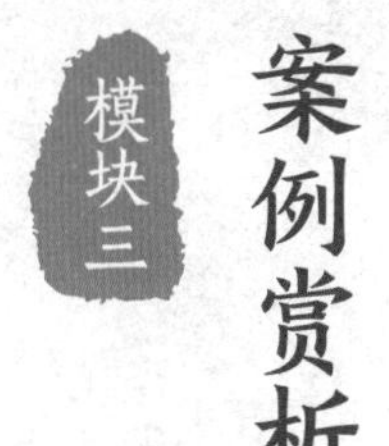

案例赏析

素质目标

1. 通过沏茶示范，体验茶道艺术之美。
2. 养成正确冲茶、科学饮茶的生活习惯。

一、白牡丹的冲泡

白牡丹主产于中国福建省的南平市政和县、松溪县、建阳区和宁德市福鼎市，是中国福建省历史名茶。该茶外形银白、毫心肥壮，叶背遍布洁白茸毛，香气鲜醇，汤色杏黄或橙黄清澈，滋味清醇微甜，毫香持久，叶底嫩匀完整，叶脉微红，冲泡后绿叶托着嫩芽形似花朵，极具品赏价值。为了充分彰显其品质特征，可选用杯泡、盖碗泡、壶泡、大壶泡几种泡法。当用 120 ～ 130ml 盖碗或 200ml 陶壶冲泡白牡丹时，可放干茶 5 克左右，然后用山泉水冲泡，水温可在 95℃～ 100℃，冲泡时间控制在 50 ～ 60 秒。下面简要介绍几种泡法：

（一）杯泡法

准备一个 150ml 的高脚瓷杯，取 1.5 ～ 2 克白牡丹投入其中，然后倒入 95℃的沸水浸润，迅速倒掉水，闻香，再用沸水直接冲泡，浸润大约一分钟即可饮用。

（二）盖碗泡法

准备一只 120 ～ 130ml 的瓷质盖碗，取 6 克白牡丹投入盖碗中，然后倒入 95℃的沸水浸润后弃水，再用 100℃沸水直接冲泡，盖上碗盖闷泡 50 秒即可饮用，之后每泡延续 5 秒左右即可。

高脚瓷杯泡白牡丹

盖碗泡白牡丹

（三）壶泡法

准备一只 200 ～ 220ml 的瓷壶，取 6 ～ 8g 白牡丹投入壶中，倒入 95℃的沸水温润后弃水，直接加入 100℃沸水，闷泡约 50 秒即可出汤品饮。

壶泡白牡丹

二、碧螺春的冲泡

碧螺春产于江苏苏州的太湖洞庭山，属国家地理标志产品。该茶外形条索纤细，卷曲似螺，满身披毫，色泽银绿隐翠，香气清鲜，汤色嫩绿清澈，滋味清鲜甘醇，叶底幼嫩多芽、嫩绿鲜活。为了充分展现其品质特征，冲泡碧螺春最好采用玻璃杯上投法，一方面因为玻璃杯清澈透明，可以清楚欣赏茶叶遇水后在杯中舒展、沉浮的身姿和赏心悦目的汤色；另一方面因为碧螺春细嫩多毫，上投置茶可以看到茶叶以自身的重量徐徐沉入杯底，显得妩媚动人，且大部分茶毫依附在茶上下沉而极少漂在汤里，显得茶汤颜色清澈、明亮，当隔杯对着阳光透视时，还可见到汤中有细细的茸毫沉浮游动，闪闪发光，别有一番情趣。下面简要介绍碧螺春的玻璃杯上投生活泡法。

（一）备水温杯

准备好冲泡碧螺春使用的主泡器具和辅助器具，将水烧沸备用。右手提壶，向玻璃杯逆时针注入 1/3 容量的开水，双手拿起玻璃杯，缓缓旋转杯口，使玻璃杯内水沿内壁浸润一圈，充分预热后将热水倒入水盂。

碧螺春冲泡示意图

（二）赏茶观色

用茶匙将茶叶罐中的碧螺春轻轻拨入茶荷供宾客欣赏。赏茶的重点是赏形、闻香、观色，碧螺春具有条索纤细、卷曲似螺、色泽银绿隐翠、白毫显露的外形特征。

（三）注水入杯

右手提壶向玻璃杯注入七八分满开水，水柱要轻柔饱满地落在玻璃杯壁上，避免激起泡沫。

温杯

赏茶

（四）投茶赏姿

用茶匙将茶荷中的碧螺春轻轻拨入玻璃杯中，投茶量每杯约 2 克。观察茶叶在杯中舒展舞动的身姿和茶汤色泽的变化。

注水

投茶

（五）奉茶敬客

待茶叶充分浸润，双手端玻璃杯至宾客前行礼奉茶，做出“请”的手势，邀请宾客品饮。

奉茶

（六）品饮茶汤

品茶

品饮碧螺春的重点是赏身姿、闻茶香、观汤色、品滋味。碧螺春投入玻璃杯后，茶在杯中遇水，从容而飘逸地下落，其身姿赏心悦目；闻其香气，清香久雅；观其汤色，嫩绿清澈；品其滋味，清鲜回甘，回味绵长。

三、凤凰单丛的冲泡

凤凰单丛茶产于广东省潮州市潮安区凤凰山区，其品质优异具花香果味，沁人心脾，具独特的山韵，最适宜用潮州工夫茶泡法。工夫茶泡法注重茶叶、器具、水质的甄选，强调冲泡过程中的水温、节奏的把控，注重氛围的营造，寓礼于茶，追求物质和精神的双重愉悦，体现了中国传统圆融和谐的生活智慧。现介绍其冲泡程式如下：

（一）冲泡用具

潮州炉（红泥炉）、玉书碨（砂铫：烧水的小陶壶）、孟臣罐（茶壶：以潮州红陶壶或宜兴紫砂壶为最宜）、若琛瓯（品茗杯）、杯托、茶船、壶承、茶叶罐、白素纸、橄榄炭。

（二）冲泡程式

1. 备器（备具添置器）

准备好冲泡凤凰单丛的主泡器具和辅助器具，品茗杯呈“品”字摆放，依次摆好孟臣罐、红泥炉等器具。

备具添置器

2. 生火（榄炭烹清泉）

红泥炉添炭生火，砂铫加水，扇风烧水。用橄榄炭烧的开水泡茶有“活火烹活泉”令茶汤鲜活清甘的效果，同时焰火呈青蓝色无烟臭并有淡淡的榄仁香。

榄炭烹清泉

3. 净手（茶师洁玉指）

茶师净手，以保持双手洁净无异味。

4. 候火（扇风催炭白）

炭火烧至表面呈现灰白，即表示炭火已燃烧充分，没有杂味，可供炙茶。

茶师洁玉指

扇风催炭白

5. 倾茶（佳茗倾素纸）

从茶叶罐中取出茶叶，将茶叶倾倒在白素纸上，以手掌大小的白素纸代替茶则，精简节约，体现了“如非必要勿增实体”的大道至简精神，亦方便赏茶。

6. 炙茶（凤凰重修炼）

炙茶，提香净味。

7. 温壶（孟臣淋身暖）

待水烧成后，提砂铫淋盖温壶，其目的在于预热和洁净茶壶。温壶后再将砂铫放于火炉上加热。

佳茗倾素纸

凤凰重修炼

8. 洗杯（热盏巧滚杯）

将茶壶中的热水依次倒入品茗杯，用拇指和中指捏住品茗杯的杯口和底沿，使品茗杯侧立浸入另一个装满沸水的品茗杯中，用食指轻拨杯身，使品茗杯转动一至数周，然后将杯中余水点尽。

孟臣淋身暖

热盏巧滚杯

9. 纳茶（朱壶纳乌龙）

将白素纸上的茶叶投入茶壶，投茶需适量，茶量以茶壶大小为准，占茶壶八成左右。

10. 高注（提铫速高注）

当水烧至二沸（“连珠水”）时，提砂铫，揭开茶壶盖，将沸水“环壶口、缘壶边”快速高冲入茶壶，切记不能直冲壶心、不可断续。

朱壶纳乌龙

提铫速高注

11. 润茶（甘泉润茶至）

高冲沸水入壶，直至茶壶盛满水并有白沫浮出壶面。

12. 刮沫（移盖拂面沫）

提起壶盖，沿壶口轻轻刮去茶沫，然后盖定，再以滚水淋盖。淋盖的作用一是使热气内外夹攻，逼使壶内茶香迅速挥发；二是冲去壶外茶沫；三是让茶叶在壶中充分熟化，熟化时间以壶身表面的沸水蒸发至干为准。随后将第一壶茶汤倒入品茗杯，要求出汤迅速快捷且要彻底出尽，以免茶叶内含成分浸出过多。

甘泉润茶至

移盖拂面沫

13. 冲注（高位注龙泉）

提砂铫，揭开壶盖，将二沸水“环壶口、缘壶边”高冲入茶壶，切忌“冲破茶胆”，直至茶壶盛满水并有少量溢出。

14. 滚杯（烫盏杯轮转）

将第一壶茶汤倒入品茗杯后用来烫洗茶杯，烫杯的目的在于提升杯温，热杯能起香。随后用拇指和中指捏住品茗杯的杯口和底沿，使品茗杯侧立浸入另一个装满沸水的品茗杯中，用食指轻拨杯身，使品茗杯转动一至数周，然后“出浴”待用，俗称“滚杯”。滚杯时杯缘互碰发出铿锵金玉之声，犹如器乐鸣奏悦耳动听。

高位注龙泉

烫盏杯轮转

15. 洒茶（关公巡城池）

提壶循回低斟茶汤入杯至八分满，匀速出汤，勿令飞溅，勿生气泡，务求各杯中茶汤浓淡均匀、分量均等。

16. 点茶（韩信点兵准）

壶中茶汤斟完如尚有余滴，则往各杯点尽茶汤，勿使壶中茶汤残留浸泡过久致后续苦涩。

关公巡城池

韩信点兵准

17. 请茶（恭敬请香茗）

洒茶完毕，恭敬地请宾客品饮。

18. 闻香（先闻寻香茗）

饮前，先闻茶汤的香气。凤凰单丛茶香型丰富，细闻其香，乐在其中。

恭敬请香茗

先闻寻香茗

19. 啜味（再啜觅其味）

趁热执杯，杯缘接唇，分三口啜饮而尽。一口为喝，二口为饮，三口为品。

再啜觅其味

20. 审韵（三嗅审其韵）

饮茶完毕三嗅杯底，赏杯中芳香气韵。

三嗅审其韵

21. 谢宾（复恭谢嘉宾）

微笑地向嘉宾鞠躬以表谢意。

四、祁门红茶的冲泡

祁门红茶产于安徽祁门县，为世界三大著名红茶之一。祁红香螺工艺精细。该茶外形卷曲似螺，色泽乌黑润泽，香气浓郁高长，汤色红艳，滋味甜润，叶底鲜红嫩软，品质特征优异。冲泡祁门红茶一般选用白瓷和白底红花瓷茶具，以充分体现其“红汤红叶”的品质特点；茶和水的比例在 1∶50 左右，泡茶的水温在 95℃～100℃。好的祁门红茶一般可连续冲泡 3 次，第 1 泡冲泡时间为 2～3 分钟，从第 2 泡起每 1 泡可增加 15 秒左右，这样可使茶汤浓度大致相同，切记不要长时间浸泡，以免影响茶汤的汤色、香气、滋味。祁门红茶一般采用壶泡法或盖碗泡法，现简要介绍祁门红茶的瓷壶泡法。

祁门红茶冲泡示意图

（一）清泉初沸（煮水）

（二）温热壶盏（温壶）

将初沸之水注入茶壶温洗一遍，目的是提高茶壶温度，利于茶性更好地发挥。

（三）宝光初现（赏茶）

用茶匙将茶叶罐中的祁门红茶轻轻拨入茶荷供宾客欣赏。赏茶的重点是赏形、闻香、观色。上好的祁红香螺，外形卷曲似螺，色泽乌黑泛宝光，香气浓郁高长。

温壶

赏茶

（四）贵妃入宫（投茶）

用茶匙将茶荷中的祁门红茶轻轻拨入茶壶中，投茶量约 5 克。

（五）养气发香（润茶）

悬壶高冲水入壶，直至水过茶面，接着将茶汤迅速倒入茶杯以温杯洁具，避免茶叶内的有效成分浸出。

投茶

润茶

（六）玉泉催花（冲泡）

将沸水再次悬壶高冲入茶壶，水满立即加盖，以保持祁门红茶的芳香，让茶叶浸泡约 2 ～ 3 分钟备斟。

冲茶、出汤

（七）分杯敬客（分茶）

按循环斟茶法将壶中茶汤均匀地分入每一个茶杯。倒出茶汤时，茶壶宜放低，距离茶杯要近，一是为了减少茶汤热量散失，保持茶汤的热饮口感；二是防止茶汤溅出，或因茶汤高冲产生泡沫，影响美观和意境。双手托茶杯，至宾客前行礼奉茶，邀请宾客品饮。

斟茶、奉茶

（八）三品得趣（品茶）

端起茶杯，细细品赏祁门红茶的汤色与香味。观其汤色，红艳明亮，外沿有一道明显的“金圈”；细闻其香，浓郁高长，甜润中蕴藏着一股兰花香；缓啜慢饮，鲜爽浓醇，回味绵长。

品茶

（九）三生盟约

收杯谢客，感谢来宾的光临。

五、普洱熟茶的冲泡

普洱熟茶（散茶）产于云南省澜沧江流域的西双版纳及思茅等地，属国家地理标志产品。该茶外形条索肥壮重实，色泽褐红，汤色红浓明亮，香气有独特的陈香，滋味醇厚回甘，叶底厚实呈褐红色。为充分体现其品质特点，冲泡普洱熟茶最好选用紫砂壶，因紫砂壶内部的双重气孔使其具有良好的透气性，泡茶不走味，能较好地保存普洱熟茶的香气和陈味。冲泡普洱茶宜选用腹大的壶，因为普洱茶浓度高，用腹大的壶便于茶条舒展和滋味的浸出，避免茶汤过浓。这与乌龙茶用壶“以小为贵”恰恰相反。与紫砂壶配套的茶具可选用玻璃公道杯和瓷质（白瓷或青瓷）品茗杯，因为普洱熟茶汤色红浓明亮，盛在玻璃公道杯和瓷质品茗杯中，可直视杯中如红酒一般的汤色，利于观赏。

要泡好一壶普洱熟茶还需掌握泡茶水温、投茶量、冲泡时间这三个要素。普洱熟茶一般要求用 100℃的沸水冲泡，建议用铸铁壶烧水，因为铸铁壶把水烧到 100℃以后保温效果好，有利于泡出普洱茶的醇厚滋味。冲泡普洱熟茶时，投茶量的多少可依个人的口味而定，若爱喝浓茶的可适当多投一些，一般以 6 克茶叶配 150 毫升的水为宜，茶与水的比例是 1∶50 ～ 1∶30，茶壶投茶量为壶的 2 ～ 4 成。普洱茶的冲泡时间在 30 秒左右，随着冲泡次数的增加，冲泡时间可适当延长，不要长时间浸泡，以免影响茶汤的汤色、香气、滋味。普洱茶比较耐泡，一般可连续泡 8 ～ 10 次，直到茶味变淡为止。

除上述三要素外，注意对于品质较好的普洱熟茶可采取“留根闷泡法”。“留根”就是洗茶后自始至终将泡开的茶汤留在壶里一部分，留多少由茶性及茶量决定，一般“留四出六”或“留半出半”，每次出汤后再以开水添满茶壶，直到最后茶味变淡。“闷泡”是指出汤之前适当闷泡，讲究的是一个“慢”节奏。使用“留根闷泡法”，相当于延长了茶叶在水中的冲泡时间，可以使下一泡茶汤有更好的泡饮滋味和口感体验，避免第一泡是柔滑鲜香而第二泡便宛如白水般的窘境。

普洱熟茶的冲泡用具及冲泡步骤如下：

（一）冲泡用具

紫砂壶、壶承、玻璃公道杯、品茗杯、杯托、煮水壶、茶叶罐、茶荷、茶针、茶巾、水盂。

普洱熟茶冲泡示意图

（二）冲泡步骤

1. 温器

用沸水温茶壶，使茶壶均匀受热，随后将温壶的水倒入公道杯、品茗杯。其目的在于预热和洁净茶具。

2. 赏茶

用茶匙将茶叶罐中的干茶轻轻拨入茶荷供宾客观赏。

温器

赏茶

3. 投茶

将茶轻置于壶中，投茶量约占壶身的 1/5。

4. 洗茶

沸水入器，涤尘润茶。洗茶是为了去除干茶上的浮灰，同时唤醒茶味。洗茶讲究快冲快出，以免影响茶汤滋味。

投茶

洗茶

5. 冲茶

洗茶过后，将沸水低斟入壶，闷泡片刻即可，闷泡时间可根据茶叶年限、档次、个人口味确定。

6. 出汤

将茶壶中的茶汤倒入公道杯中，注意壶中留一部分茶汤。

冲茶

出汤

7. 分茶

将公道杯中的茶汤均匀分到品茗杯中。

8. 奉茶

将品茗杯放在杯托上，分送给宾客或自饮。

分茶

奉茶

9. 品茶

一般分三口品饮：第一口，进入口中稍停片刻，细细感受茶的醇度；第二口，滚动舌头体会普洱茶的润滑和甘厚；第三口，细细领略普洱茶的顺柔和陈韵。

品茶

六、茉莉花茶的冲泡

茉莉花茶属于再加工茶类，一般选用烘青绿茶或白茶窨制而成，所以茉莉花茶的投茶量与冲泡绿茶大致相同。该茶外形条索匀整，色泽油润，香气芬芳鲜灵，汤色黄绿明亮，滋味清醇鲜爽，叶底黄绿匀整。为了充分彰显其独特的品质，茉莉花茶最适宜采用大玻璃杯、瓷质盖碗或瓷壶冲泡。居家时，可用盖碗生活泡法，因其芬芳浓郁，可以边品饮茶汤边嗅其香气。茉莉花茶盖碗生活泡法如下：

（一）冲泡用具

玻璃盖碗、煮水壶、茶叶罐、茶拨、茶荷、茶巾、水盂。

茉莉花茶冲泡示意图

（二）冲泡步骤

1. 涤尘脱俗（温器）

向盖碗注水至满盖，充分预热后将热水倒入水盂中。

温器

2. 落花有意（置茶）

捧取茶叶罐，开盖将茶叶放入茶荷中，然后把茶叶依次拨入盖碗，投茶量为 2 ～ 3 克。

置茶

3. 流水含情（润茶）

提壶按逆时针方向沿盖碗内壁注入 1/4 容量的热水，水温大致在 85℃～ 90℃。

4. 香飘内外（摇香）

加盖，逆时针慢速旋转盖碗一圈，使茶叶快速吸收水分。

润茶

摇香

5. 二度春风（冲泡）

左手持盖，右手提壶，用定点冲泡法向盖碗注水七八分满，盖上碗盖。

冲泡

6. 陶然沁芳（品饮）

左手托起盖碗，右手持盖后转动手腕，使盖里垂直朝向自己的鼻子，头保持不动，作深呼吸状，以充分领略香气给人带来的愉悦之感，趣称“鼻品”。随后右手盖回碗盖，转动手腕将碗盖斜搁于碗面，使靠身体一侧碗面留出一条缝隙，端到嘴正前方，小口从碗面缝隙中啜饮并在口腔中稍作停留，使茶汤充分与味蕾接触，以便更精细地品悟茉莉花茶的“仙灵”气韵。

品饮

模块四 实训任务

实训项目一：掌握行茶礼仪

任务一：事茶过程中的仪容仪表和仪态举止练习

任务目标：了解和掌握事茶师在事茶过程中的仪容仪表和仪态举止规范，以端庄、美好、整洁的形象接待宾客。

实训方法：教师示范讲解，学生分组练习，教师分组进行指导，不定期采取竞技模式，学生自评和教师点评。

实训内容：（1）展示正确的着装；梳理大方、朴素的发型；学会化职业妆；展现端庄的容貌神态。（2）训练优雅的仪态，掌握正确的出场、侍站、鞠躬、入座、奉茶、施礼等举止。

实训评分表

班级： 组别： 学号： 姓名：

实训项目	评价内容	小组互评	教师点评
仪容仪表展示	着装	□优 □良 □差	□优 □良 □差
	发型	□优 □良 □差	□优 □良 □差
	手型	□优 □良 □差	□优 □良 □差
	妆容	□优 □良 □差	□优 □良 □差
	精神状态	□优 □良 □差	□优 □良 □差
仪态举止展示	出场	□优 □良 □差	□优 □良 □差
	侍站	□优 □良 □差	□优 □良 □差
	鞠躬	□优 □良 □差	□优 □良 □差
	坐姿	□优 □良 □差	□优 □良 □差
	奉茶	□优 □良 □差	□优 □良 □差
	事茶过程中的常用礼节	□优 □良 □差	□优 □良 □差
综合评价：		提升建议：	

考核时间： 年 月 日 考评教师（签名）：

任务二：事茶过程中的语言表达规范练习

任务目标：了解和掌握事茶师在事茶过程中的语言表达规范，营造融洽的交往氛围，给宾客以舒服的感受。

实训方法：教师示范讲解和创设情境，学生分角色进行情境模拟练习，采取竞技模式，学生自评和教师点评。

实训内容：学生分组模拟一场茶事活动，一位学生扮演事茶者，同组其他学生扮演宾客，由事茶者展示在整场事茶过程中（主客初见面时、泡茶开始前、冲泡过程中、奉茶过程中、事茶者临时离席时等）的礼貌用语和体态用语。

实训评分表

班级：　　　　组别：　　　　学号：　　　　姓名：

实训项目	评价内容	小组互评	教师点评
礼貌语言展示	礼貌用语	□优 □良 □差	□优 □良 □差
体态语言展示	体态用语	□优 □良 □差	□优 □良 □差
综合效果	精神面貌、用语得体	□优 □良 □差	□优 □良 □差
综合评价：		提升建议：	

考核时间：　　年　　月　　日　　　　考评教师（签名）：

实训项目二：学会选用茶器

任务一：熟悉常见茶器的名称、用途和使用方法

任务目标：熟悉常见茶器的名称、用途，掌握各种茶器的使用方法。

实训方法：教师示范讲解，学生分组模拟练习，采取竞技模式，学生自评和教师点评。

实训内容：（1）辨认各种茶器，说出茶器名称和用途；（2）实操各种茶器的使用方法。

实训评分表

班级：　　　　组别：　　　　学号：　　　　姓名：

实训项目	评价内容	小组互评	教师点评
熟悉常见茶器的名称和用途	茶器名称	□优 □良 □差	□优 □良 □差
	茶器用途	□优 □良 □差	□优 □良 □差
掌握各种茶器的使用方法	手法正确	□优 □良 □差	□优 □良 □差
	使用规范	□优 □良 □差	□优 □良 □差
综合评价：		提升建议：	

考核时间：　　年　　月　　日　　　　考评教师（签名）：

任务二：熟练掌握茶器选配

任务目标：能够独立完成茶器选配工作。

实训方法：教师示范讲解，学生分组模拟练习。

实训内容：教师准备好各种材质的茶器，如瓷质茶器、玻璃茶器、紫砂茶器、金属茶器等，学生分组归纳不同茶器的功能特点和适泡茶类并填报实训报告单。

实训报告单

实训项目：　　　班级：　　　组别：　　　学号：　　　姓名：

茶器名称	功能特点		适泡茶类						
	保温性	导热性	适宜冲泡绿茶	适宜冲泡红茶	适宜冲泡乌龙茶	适宜冲泡黑茶	适宜冲泡白茶	适宜冲泡黄茶	适宜冲泡花茶
玻璃茶器									
紫砂茶器									
瓷质茶器									
金属茶器									
综合评价：				提升建议：					

考核时间：　　年　　月　　日　　　　　　考评教师（签名）：

实训项目三：掌握沏茶要素

任务：掌握沏茶的四大要素

任务目标：掌握各类茶品的投茶量；

掌握各类茶品的最佳水温；

掌握各类茶品的冲泡时间；

掌握各类茶品的冲泡频次。

实训方法：教师示范讲解，学生分组模拟练习。

实训内容：教师准备好各种材质的茶器、六大茶类代表茶样及电子秤，学生分组讨论并填报实训报告单。

实训报告单

班级：　　　组别：　　　学号：　　　姓名：

序号	茶品名	茶量	水温	时间	次数
1					
2					
3					
4					
5					
6					
备注：以 150 毫升的水量来计算					
综合评价：			提升建议：		

考核时间：　　年　　月　　日　　　　　　考评教师（签名）：

实训项目四：掌握不同茶类的冲泡技法

任务一：掌握绿茶玻璃杯冲泡技法

任务目标：掌握绿茶玻璃杯冲泡技法，动作自然、娴熟，给人以美的享受。

实训方法：教师示范讲解，学生分组练习，不定期采取竞技模式，学生自主当裁判，教师最终点评。

实训器具：玻璃杯、茶盘、茶道组、茶荷、茶叶罐、提梁壶、水盂、茶巾。

实训步骤：备具→备水→出场行礼→布具（行礼）→翻杯→赏茶→温具→置茶→浸润泡→摇香→冲泡→奉茶→收具→行礼致谢。

实训要点：采用下投法；茶、水比例适中，投茶量宜少不宜多；采用定点注水，忌冲茶叶；水线越细越好，做到水流不断、匀速平稳。

实训评分表

班级：　　　　组别：　　　　学号：　　　　姓名：

序号	测试内容	评分标准	配分	扣分	实得分
1	备具	动作流畅、物品齐全、摆放整齐、具有美感、便于操作	10		
2	取茶赏茶	动作规范优美	10		
3	温具	动作规范优美	10		
4	置茶冲泡	茶不泼洒，冲泡动作规范优美	30		
5	奉茶	手法正确、有礼	10		
6	茶汤质量	茶的色、香、味、形充分表达	20		
7	姿态礼仪	姿态优美、礼仪周全	10		
总分					

考核时间：　　年　　月　　日　　　　　　考评教师（签名）：

任务二：掌握红茶盖碗冲泡技法

任务目标：掌握红茶盖碗冲泡技法，动作自然、娴熟，给人以美的享受。

实训方法：教师示范讲解，学生分组练习，教师分组进行指导，不定期采取竞技模式，学生自主当裁判，教师最终点评。

实训器具：盖碗、公道杯、茶漏、品茗杯、杯托、茶盘、茶道组、茶荷、茶叶罐、提梁壶、水盂、茶巾。

实训步骤：备具→备水→出场行礼→布具（行礼）→翻杯→赏茶→温具→置茶→浸润泡→摇香→冲泡→分茶→奉茶→收具→行礼致谢。

实训要点：注水方式——定点冲泡。

实训评分表

班级：　　　　　　组别：　　　　　　学号：　　　　　　姓名：

序号	测试内容	评分标准	配分	扣分	实得分
1	备具	动作流畅、物品齐全、摆放整齐、具有美感、便于操作	10		
2	取茶赏茶	动作规范优美	10		
3	温具	动作规范优美	10		
4	置茶冲泡	茶不泼洒，冲泡动作规范优美	30		
5	奉茶	手法正确、有礼	10		
6	茶汤质量	茶的色、香、味、形充分表达	20		
7	姿态礼仪	姿态优美、礼仪周全	10		
总分					

考核时间：　　　年　　月　　日　　　　　　　考评教师（签名）：

任务三：掌握花茶盖碗冲泡技法

任务目标：掌握茉莉花茶盖碗冲泡技法和品饮方法，动作自然、娴熟，给人以美的享受。

实训方法：教师示范讲解，学生分组练习，教师分组进行指导，不定期采取竞技模式，学生自主当裁判，教师最终点评。

实训器具：玻璃盖碗、茶叶罐、提梁壶、茶匙、茶匙架、水盂、花器、茶盘。

实训步骤：备具→备水→出场行礼→布具（行礼）→温碗→置茶→润茶→摇香→冲泡→奉茶→品饮→收具→行礼致谢。

实训要点：注意在冲泡过程中须随时加盖，以防香气失散。

实训评分表

班级：　　　　　　组别：　　　　　　学号：　　　　　　姓名：

序号	测试内容	评分标准	配分	扣分	实得分
1	备具	动作流畅、物品齐全、摆放整齐、具有美感、便于操作	10		
2	温具	动作规范优美	10		
3	置茶摇香	茶不泼洒，动作规范优美	10		
4	冲泡	动作规范优美	20		
5	奉茶	手法正确、有礼	10		
6	品茶	手法正确、动作优美	10		
7	茶汤质量	茶的色、香、味、形充分表达	20		
8	姿态礼仪	姿态优美、礼仪周全	10		
总分					

考核时间：　　　年　　月　　日　　　　　　　考评教师（签名）：

任务四：掌握乌龙茶紫砂壶冲泡技法

任务目标：掌握乌龙茶紫砂壶冲泡技法，动作自然、娴熟，给人以美的享受。

实训方法：教师示范讲解，学生分组练习，教师分组进行指导，不定期采取竞技模式，学生自主当裁判，教师最终点评。

实训器具：紫砂壶、品茗杯、闻香杯、杯托、茶道组（茶匙、茶夹、茶针、茶拨）、茶荷、茶叶罐、茶船、随手泡、茶巾。

实训步骤：备具→备水→出场行礼→布具（行礼）→翻杯→赏茶→温壶→投茶→洗茶→冲茶→匀茶→翻杯→奉茶→收具→行礼致谢。

实训要点：注水方式——悬壶高冲，定点冲泡；“关公巡城”“韩信点兵”“白鹤展翅”。

实训评分表

班级：　　　　组别：　　　　学号：　　　　姓名：

序号	测试内容	评分标准	配分	扣分	实得分
1	备具	动作流畅、物品齐全、摆放整齐、具有美感、便于操作	10		
2	取茶赏茶	动作规范优美	10		
3	温具	动作规范优美	10		
4	投茶冲泡	茶不泼洒，冲泡动作规范优美	20		
5	匀茶翻杯	手法正确、动作优美	10		
6	奉茶	手法正确、有礼	10		
7	茶汤质量	茶的色、香、味、形充分表达	20		
8	姿态礼仪	姿态优美、礼仪周全	10		
总分					

考核时间：　　年　　月　　日　　　　　　考评教师（签名）：

任务五：掌握白茶煮茶法

任务目标：掌握白茶煮茶法，动作自然、娴熟，给人以美的享受。

实训方法：教师示范讲解，学生分组练习，教师分组进行指导，不定期采取竞技模式，学生自主当裁判，教师最终点评。

实训器具：煮茶壶、酒精煮茶炉、品茗杯、杯托、公道杯、茶盘、茶叶罐、茶荷、水壶、炭火炉、水盂、茶巾、茶匙、香盒与香、香插、打火机。

实训步骤：备具→备水→出场行礼→布具（行礼）→翻杯→温壶→投茶→煮茶→点香→温杯→匀茶→奉茶→收具→行礼致谢。

实训总结：白茶一般煮两次。3 克白茶第一次煮 3 ～ 4 分钟、第二次煮 5 分钟，这时茶叶的有效成分基本全部浸出。可用燃香来计煮茶的时间，燃尽一段香的时间为 3 ～ 4 分钟，香燃尽刚好汤分好。

实训评分表

班级：　　　　　组别：　　　　　学号：　　　　　姓名：

序号	测试内容	评分标准	配分	扣分	实得分
1	备具	动作流畅、物品齐全、摆放整齐、具有美感、便于操作	10		
2	温具	动作规范	10		
3	投茶煮茶	茶不泼洒，煮茶动作娴熟	20		
4	点香	手法正确、动作娴熟	10		
5	匀茶	手法正确、动作规范	10		
6	奉茶	手法正确、有礼	10		
7	茶汤质量	茶的色、香、味、形充分表达	20		
8	姿态礼仪	姿态大方、礼仪周全	10		
总分					

考核时间：　　　年　　月　　日　　　　　　考评教师（签名）：

第三篇 茶席

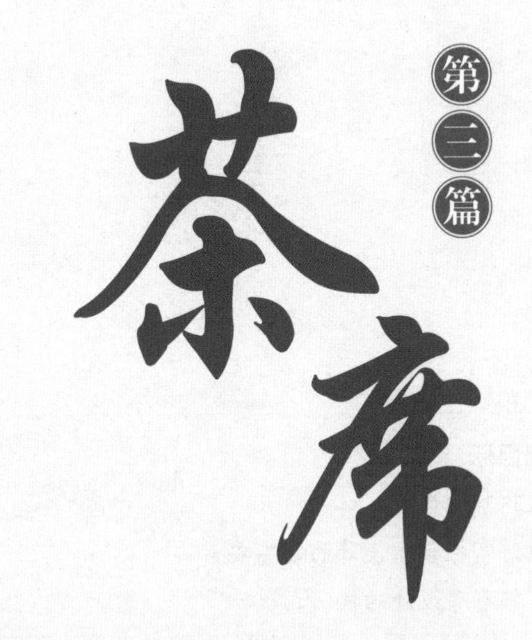

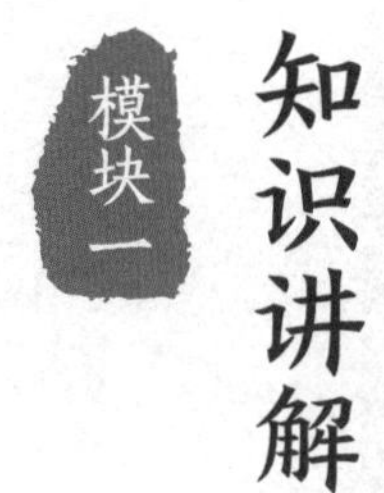

学习目标

1. 认识茶席设计。
2. 熟练掌握茶席设计的基本要素。
3. 掌握茶席设计的技巧。

茶席在茶事活动中始终是全场目光的焦点，也是茶人艺术涵养的综合体现。从茶品、茶器、茶空间等，用不同的颜色、材质营造出来的不同美感，是茶人们内心深处的不同反映，也是主客之间借以交心的媒介。

用一方宁静幽美合茶意的茶席来招待客人，可以让客人在享用茶汤之前先浸润在舒服的氛围里，先把心情从忙碌的节奏里沉静下来，再细细地品尝茶汤，这样就更能惬意地享受茶品的臻味。当然，我们在设计茶席的时候，不能只关注视觉的美而忽略了茶汤的深度。如何做到功能性与美感两者兼顾？这是我们需要着重思考的问题。

一、茶席的内涵

中国古代无“茶席”一词，茶席是从酒席、筵席、宴席转化而来的。

席的本义是指用芦苇、竹篾、蒲草等编成的坐卧垫具，如竹席、草席、苇席、篾席、芦席等，可卷而收起；后来引申为座位、席位、座席，表示坐正席位；再后来又引申为酒席、宴席，是指请客或聚会的酒水和桌上的菜肴。到了唐代有茶会、茶宴，但在中国古籍中未见“茶席”一词。

在中国，当代文献关于茶席的定义有：

“茶席，是泡茶、喝茶的地方，包括泡茶的操作场所、客人的座席以及所需气氛的环境布置。”①

“茶席是沏茶、饮茶的场所，包括沏茶者的操作场所、茶道活动的必需空间、奉茶处所、宾客的座席、修饰与雅化环境氛围的设计与布置等，是茶道中文人雅艺的重要内容之一。”②

所以说，茶席是表现茶艺的场所。狭义的茶席单指习茶、饮茶的桌席。广义的茶席还包含茶席所在的房间，甚至包括房间外面的庭院。“茶席”一词在中国，特别是在台湾，近年来出现频繁，多指一些与茶相关的活动，如主题茶会，为茶人们营造了展现梦想的舞台。茶人想通过这种仪式来传达个人喜悦之情并与朋友分享。那么茶席的出现，其初心也是这样，就是对茶的尊重，也是对品茶者的尊重。通过这样一种仪式，分享更多与茶相关的美好。茶人在布席的时候，也会通过自己对茶及茶汤的理解来诠释茶和营造茶氛围，以使宾客很自然、很直接地感受到这个气息、融入这个氛围。

二、茶席设计的定义

关于茶席设计的定义有：

“茶席设计与布置，包括茶室内的茶座、室外茶会的活动茶席、表演型的沏茶台（案）等。”③

“所谓茶席设计，就是指以茶为灵魂、以茶具为主体，在特定的空间形态中，与其他的艺术形式相结合，所共同完成的一个有独立主题的茶道艺术组合整体。”④

茶席设计，是为品茗构建的一个人、茶、器、物、境的茶道美学空间。由古至今，茶席一直在演变。古人的茶席，古朴简单，沉醉于山水之间，以自然万物为背景。演变至今，茶席设计就是以茶饮活动为目的的创作行为。茶席设计是事茶者在一尺天地间，以茶汤为灵魂，以茶器为主材，以铺垫等器物为辅材，并与插花等艺术相结合，依特定的空间形态建构的具有独立主题并有所表达的茶艺环境整体。茶席设计也是茶艺美感的直观映象，具备了装饰设计的某些形式特征，如单纯化、平面化的造型方式和秩序化的构图特征，同时这些艺术构图能充分体现茶艺的内涵，如自然、清净、雅致、优美、和谐、圆融、恭敬等。在布置茶席时并非为了美而美，我们在寻求美的同时更要考虑其实用性因素。一方茶席，可见主人心性，既要美观，

① 童启庆．影像中国茶道．杭州：浙江摄影出版社，2002.
②③ 周文棠．茶道．杭州：浙江大学出版社，2003.
④ 乔木森．茶席设计．上海：上海文化出版社，2005.

亦要实用，还要与时令、心绪等相呼应，极其讲究。在这一方天地中，与茶相融，与空间相融，所得的安宁一定是发自内心的深切感受，这便是最美最令人身心舒畅的茶席。将茶席看成是一种装置，是想传达布置茶席的茶人的一种想法，是一种自我思绪的展现，象征着一种审美的合理性。茶席中的茶与器处于对称性的支配地位，如果茶人能对茶器倾心投入，那么茶席给予人的亲切就不只是喝茶。

三、茶席设计的构成

茶席的氛围是茶道精神的一种体现，没有比用“和”字来形容茶席氛围更合适的了。具体表现在：人与人之间要平等、尊敬、和睦、和气；人与器物要恭敬、用心、和谐、和美；人与自然要协调、统一、和平、相亲相生。因此茶叶要顺茶性，发真味；茶具要自然；环境要洁净；人要谦和、心静；音乐要清柔、宁静；挂幅要静谧、虚空；点香要烟细、香幽；言语要恭敬、轻柔。无论身处室内还是室外，一方好的茶席都应让莅临者顿生静意、敬意，让人心生欢喜、意态安闲。

茶席设计运用的材料、技法非常广泛，它包含所有的泡茶用具、摆放技法以及装饰工艺材料、工艺手段等。因此，茶席设计既可以是室内的茶艺布局，也可以是室外的借景布置；既可以是实用性的泡茶茶具摆放，也可以是观赏性的茶艺小景布置；既可以用挂画、点香、插花、播乐等艺术渲染手法，也可以用山边、水涧、朝阳、静月、树影、花容等艺术通感方式等，或者是多种材料、技法综合运用。

（一）茶席的基本布局

茶席没有固定的模式，一百个人中有一百种不同的茶席风格。但在设计茶席时，从人体力学及实用性来说，首先要考虑席主泡茶时的舒适性和灵活性，之后，茶人再结合自己的沏茶习惯，比如左手席主或右手席主，然后结合想表达的主题来做相应的调整。

茶席的基本布局

（二）茶席中的基础设置

1. 茶品

茶席贯穿茶、人、茶器，这三者各具精神，聚集形成最佳的诠释。茶是茶席设计的思想基础，因有茶而有茶席设计。所以茶应是茶席设计的源头，又是茶席设计的目标。

每种茶都是美丽的，品种也是多样化的，不同制法呈现出来的色、香、味、形等也各有不同。茶的色彩绚丽夺目，香型、滋味也丰富各异，如绿茶、红茶、黄茶、白茶、黑茶、乌龙茶等；茶的形状千姿百态，扁平、卷曲、剑形、圆形等，未饮先迷人；茶的名称亦诗情画意，如妃子笑、庐山云雾、凤凰单丛、九曲红梅等等，所以有很多茶席作品都是直接因茶名而发起设计的，如“龙井问茶”“白茶仙子”等等。

不同茶叶高清图

2. 茶器

茶器是茶席设计的基础，也是茶席构成的主体因素。因此，茶席上所选器具，对质感、造型、体积、色彩、内涵、实用性等方面都有较为严格的要求。茶与器的结合，让茶的思想延伸，也是茶人的一种精神寄托。

茶器造型多样且材质各异，每一位茶人都有自己偏爱的泡茶器具。茶人选择茶器时，通常是从泡什么茶开始，先选好茶叶，然后才依照茶的特性和自己喜欢的品味来挑选不同材质的茶壶、盖碗、公道杯、品茗杯等。茶席上的所有器物都是为茶和事茶而设置的，所有物件都是事茶者根据器具材质的特性、自己的操作习惯和综合审美来布置。

按照功能划分，茶席上的茶器可分为主茶器、辅茶器、烧水器、置茶器等。

主茶器：用以泡茶的各式茶器，如茶壶、盖碗或冲泡杯，以及搭配的茶海、公道杯、茶船、壶承、茶杯等。

盖碗

铁壶

辅茶器：用以方便泡茶的辅助性茶具，如杯托、茶针、茶荷、茶夹、水洗、茶巾、茶刀、奉茶盘等。

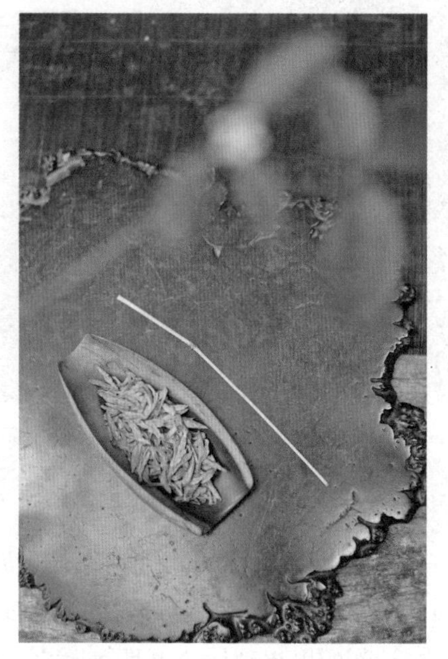

茶则、茶针

烧水器：用以准备泡茶用水的茶器或设备，如煮水器（红泥炉、电炉等）、铁壶、银壶、铜壶、玻璃壶、砂铫等。

银壶、砂铫

置茶器：用以存放茶叶或茶粉的器具，如茶罐、茶瓮、茶盒等。

诗文茶叶罐、青花茶叶罐

茶器组合既可按传统样式配置，也可进行创意配置；既可基本配置，也可齐全配置。其中，创意配置、基本配置、齐全配置在个件选择上随意性、变化性较大。

3. 铺垫

茶席铺垫是奠定茶具中心位置的铺垫物，用来确立茶席的色调、塑造主题氛围、营造品茗环境风格，在泡茶、喝茶过程中起着非常大的作用。一方面，它使我们在视觉上产生美感，直接影响人们如何看待泡茶者的泡茶演示；另一方面，它使我们品茶的生活更加艺术化。

茶席铺垫以不铺整桌为原则，以点缀为主。一方面，它可起烘托的作用；另一方面，它可保持茶具的清洁以及预防茶具因受到桌面的摩擦而受损。

铺垫一般分为自然物品铺垫和人工产品铺垫。自然物品包括树桩、叶片、花草、石头、竹段、落英等天然材料；人工产品包括布料、纸张、书法作品、绘画作品等经人为加工的材料。铺垫主要为茶服务，原料要自然质朴，色调要素雅洁净，不能过于花哨，不能喧宾夺主，要贴题，能起到衬托、渲染的作用，以自身的特征来辅助器物共同完成茶席设计的主题。

各类茶席铺垫

铺垫的质地有棉纸、棉布、麻布、化纤、蜡染、印花、毛织、织锦、绸缎、手工编织、竹编、草秆编、树叶类、纸类、石类、瓷砖类等，不同质地的铺垫能够体现不同的地域文化特征。当然，茶席铺垫最好不要选择太滑的材质，否则很容易将茶具滑倒或打破。

竹茶席

铺垫的形状一般分为正方形、长方形、三角形、圆形、椭圆形、几何形、花边形和不规则形。茶席布的长度不可过长，太长的话拖到地上容易绊脚。不同形状的铺垫，不仅能表现不同的图案以及突出图案所形成的层次感，更重要的是，这些多变的形状还会给人以不同的想象空间，启发布席者进一步理解茶席设计的整体构思，随着茶席设计者的创意变化而变化。

铺垫的色彩原则是：单色为上，碎花次之，繁花为下。色彩和花式是表达感情的重要手段，不同色彩和花式的铺垫会不知不觉地影响着人们的精神、情绪和行为。其中单色最适宜运用在茶席中，它会使器物的色彩变化更加丰富。当然，也可根据茶事活动的主题、茶品的不同、四季的变换、空间的差异等因素选择不同颜色的铺垫，但一般不能超过三种色彩，以免过于花哨而有失淡雅素净。

铺垫的材质、形状、色彩选定之后，铺垫的方法便是获得理想效果的关键了。铺垫的方法有平铺、平行铺、叠铺、立体铺和帘下铺等。不同方法的铺垫，除呈现出质地、形状、色彩的不同效果之外，还拓展了它的可变化内容，使铺垫的语言更为丰富。

（1）平铺又称为“基本铺”，是茶席设计中最常见的铺垫，即用铺垫完全或部分遮盖桌面。平铺适合所有主题的茶席的布置。对于质地、色彩、纹饰、制作上有缺陷的桌面，平铺还能起到某种程度的遮掩作用。

（2）平行铺是茶席设计中最为常用且简洁美观的铺垫方式，它是两块长方形的席布平行铺在桌面上，分主泡区与品茗区。

（3）叠铺是铺垫中最富层次感的一种方法，是指在不铺或平铺的基础上叠铺成两层或多层的铺垫。叠铺最常见的手段，是将不同质地的铺垫物叠铺在一起，另外，也可将不同形状的小铺垫叠铺在一起，组合而成某种叠铺图案，从而达到特定的艺术效果。

平铺

叠铺

（4）立体铺是指在铺垫下先固定一些支撑物，然后将铺垫铺在支撑物上，从而构成特定的物象效果，如连绵不绝的群山、自高而下的瀑布、蜿蜒曲折的溪流、错落有致的梯田等。立体铺属于更加艺术化的一种铺垫方法，它是从茶席的主题和审美的角度设定一种物象环境，使得整个茶席的画面效果更富动感，也更容易传达出茶席设计的理念。

（5）帘下铺是指将窗帘或挂帘作为背景，在帘下进行桌铺或地铺。由于帘席具有较强的动感，在微风的吹拂下，就会形成线、面的变化，这种变化过程还富有音乐的节奏感，使静态的茶席增添了一定的动感和韵律。

4. 插花

茶席上的插花亦不可少。茶和花的关系是相依相存的，茶席的新鲜活力除了茶就是花，以花传心，以茶悟道，人生美好也不过如此了。

（1）花的选材。

茶席插花，不局限于“花”这一种创作素材，山间、田野随处可见的花枝、藤、叶、果子均可选用，带有青苔的枯枝、干果等亦可用于茶席的搭配。选用的枝叶花果顺其自然之势，曲直、仰俯巧妙结合，以表现花材的自然之美。茶席插花首先要突出主题，在花材选择上力求简洁、淡雅，避免过多花色影响茶会和品茶的氛围，要做到亲近自然，表现自然美。根据主题选择花材来营造意境，对丰富茶席的寓意起着非常重要的作用。

一个能够融入茶席的插花作品，花色与茶叶及茶

汤的色泽也要交相辉映，花的色彩能很好地衬托和表现茶汤的色彩。比如：黄绿色的茶汤，可用黄色或粉色系的茶花匹配；红色的茶汤，可用洁白的花朵映衬；橙黄的茶汤，可用紫色的花朵衬托。通过色彩调和，相互辉映，使茶席成为一个和谐的整体。

（2）适用的花器。

茶席插花的花器，是茶席插花的基础和依托。插花造型的结构和变化，在很大程度上得益于花器的型与色。

花器的质地一般有竹、木、草编、藤编、陶瓷、玻璃、金银铜等。有时茶具也可活用为花器，如茶叶罐、水方、茶壶等，只要能与茶席的元素相关或相融合，都可用来插花。

在选择花器时，除了考虑与花材的搭配外，还需注意花器的大小、颜色、材质以及形状与茶席主题是否契合。花器大小的选择宜矮而小，需充分衡量花器高低大小与整个茶空间的搭配是否恰当；花器颜色的选择最好是色调一致、素雅淡净、色差不大的单色釉，如通体黑色、白色、天青、铁黄、祭红、祭蓝等，这样从视觉感受上更显清雅文气；花器材质的选择清雅别致为上，所谓“贵瓷、铜，贱金、银，尚清雅也”。

竹编暖笼变花器

（3）插花作品的结构。

插花作品主要由线材、主花、副花、衬叶和其他辅助材料等几部分构成，根据表现的主题和材料的特性可自由搭配。

线材：构成作品的外形框架。其形态上多为条索状植物材料，常选取各种植物枝条、藤条、花穗、果枝等，如蜡梅枝、松枝、竹枝、六月雪、鹤望兰、绿萝藤、马蹄莲、狗尾草等。

主花：位于作品的视觉中心，和线材相互协调，多为显目的花卉，如百合花、山茶花、兰花、荷花、月季等。

副花：一般位于主花的外沿，对作品较空虚的位置起到补充的作用，花朵大小和色调要和主花协调，但较主花弱，如小菊、茉莉等。

春、秋、夏、芍药

衬叶：位于作品下方，常采用各种较为大型的叶材，如龟背叶、枇杷叶、万年青等。

其他辅助材料：对作品的韵味起到特定的辅助效果，如枯木、根材、石材、树皮、青苔等。

（4）插花的构图原则。

插花的基本构图，应掌握三大原则：

其一，上散下聚，上轻下重。上散下聚，指花材各部分的安插基部要像树干一样聚集，似为同根生，坚实稳定；而上部花材如树枝一般适当散开，显得婀娜多姿、自然有序。上轻下重，指花蕾在上、盛花在下，浅色在上、深色在下。

其二，高低错落、参差有致。指插花的位置安排不可太均匀对称、平齐成列，要高低错开、参差有致、自然舒展，这样既符合植物的自然生长样态，又能凸显整个构图的层次感和立体感。

其三，虚实结合，疏密有致。花为实，叶为虚，有花无叶欠陪衬，有叶无花缺实体，正所谓“红花尚需绿叶配”，有虚实就有层次、有深度、有生气。插花的材料安排应有疏有密，不可密不透风，这样才能显露出每朵花特有的风姿。花与花之间应留有空位，或以小花、碎叶加以间隔，空白出余韵。“留白”既为花枝提供了“生长”的空间，也留给人们无限遐想的余地。

（5）时令花材。

月季、菊花、茶花、荷花、海棠、兰花、梨花、南蛇藤、柿子

茶席上的花也可以称时令花。一年四季，每个季节、每个月份，都有典型的花卉来表现。

表现春季可用迎春花、牡丹、桃花、杏花、樱花、丁香、紫荆花、玉兰、芍药、石竹、榆叶梅、垂柳、垂丝海棠等。

表现夏季可用荷花、茉莉花、紫薇、唐菖蒲、晚香玉、栀子花、白玉兰、蜀葵、三角花、石榴花等。

表现秋季可用丹桂、菊花、枫叶、乌柿、翠菊、九里香、麦秆菊、芙蓉花等。

表现冬天可用茶花、蜡梅、南天竹、银柳、象牙红、仙客来、马蹄莲、冬珊瑚、水仙等。

一年十二个月每月代表的花

一月	二月	三月	四月	五月	六月	七月	八月	九月	十月	十一月	十二月
梅花	杏花	桃花	牡丹	石榴	荷花	蜀葵	桂花	菊花	芙蓉花	山茶花	水仙

5. 焚香

我国焚香习俗源远流长。最初的焚香是古人为了驱逐蚊虫、去除生活环境中的浊气，便将一些带有特殊气味或芳香气味的植物放在火中烟熏火燎。魏晋南北朝时，士人对焚香更加重视，焚香便从一般的生理需求迅速发展到与精神需求结合在一起，成了精神追求的一种手段。焚香习俗在我国延续了几千年经久不衰，给无数的焚香者带来了嗅觉上和精神上的双重美好享受。

茶室里的香

焚香与茶文化的结合由来已久，自古闻香品茗就是文人雅集不可或缺的内容。明代万历年间的名士徐唯在《茗谭》中讲道：“焚香雅有逸韵，若无茗茶浮碗，终少一番胜缘。是故茶、香两相为用，缺一不可。”香气可以协助塑造茶室的气氛，也可以让人们更快体验茶空间给予的宁静馨香感受。

香料的种类繁多，茶席中所使用的香料一般以自然香料为主。自然的香料，注重从自然植物中进行香料的选择。因为自然界中具有香成分的植物十分广泛，采集也比较容易，而且制法也不复杂，清简质朴，所谓“草木真天香”。

香材

茶席中的自然香料有檀香、沉香、龙脑香、紫藤香、丁香、石蜜、木香、甘松香、柏子香。

茶席中的香品样式有柱香、线香、盘香、条香。

茶席中的香炉是燃香最常用的器具。其外形各式各样，如博山炉、筒式炉、莲花炉、鼎式炉等等。其材质多为陶瓷或铜、铝等金属，也有石、木等材质的。常见的香炉种类有香斗、香筒、卧炉、薰球 、香插、香盘。

宽沿行炉、宣德炉

茶席中的香炉布置原则：不夺香、不挡眼。

6. 挂画

至宋朝，我国的点茶、挂画、插花与焚香，被作为“四艺”出现并应用在人们的日常生活中。

水墨画、大榕树下

挂画，在茶席中是指将书法、绘画等作品挂于泡茶席或茶屋的墙上、屏风上，或悬挂于空中的一种行为。挂画可以增进人们对艺术的了解，在品茗环境里可以帮助茶人渲染氛围及营造自己想要的境界。

挂吊的作品，既可以是字，也可以是画；一般以字为多，也可字、画结合。我国历来就是字、画合一的，字的内容多用来表达某种人生境界、处世态度和人生情趣，主要以乐生的观念来看待茶事、表现茶事。例如，以历代文士对品茗意境、品茗感受所写的感言为内容，用挂轴、单条、屏条、扇面等方式陈设于茶席之后作背景。

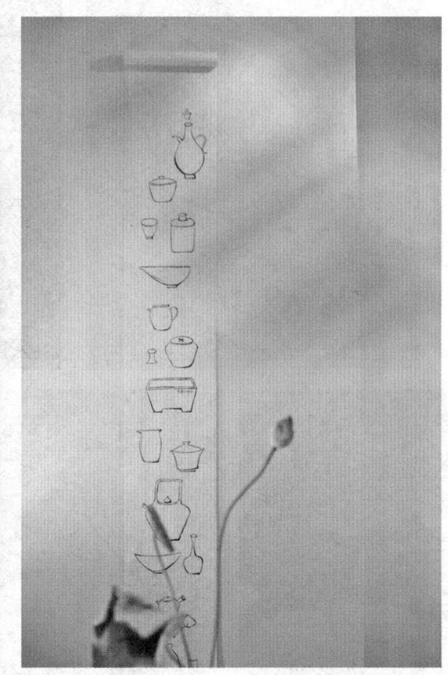

拈花悟旨、茶器图

茶席挂画中的内容，不论是书法、画，还是中式、西式，都不宜多，主题要突出，所挂的画一定要与茶席相协调，整体的风格与美感要一致。

7. 茶点

各类茶点、中式糕点

茶点是指精心制作的食品，是对在饮茶过程中佐茶的茶点、茶果和茶食的统称。在挑选茶点的时候，首选时令食物或新鲜、清淡、原味、无添加食物。茶点品种多样，在茶席中应遵循分量少、质量好、体积小、外观美的添置原则。

茶点应根据茶席中的茶品和茶席表现的主题、节气、对象来配制。茶点不但美味，还可以保护我们的胃，让我们舒服地品尝茶的乐趣。台湾范增平先生主张“甜配绿，酸配红，瓜子配乌龙”。

茶点的种类有五大类：

可颂、鲜花点心、醒狮如意糕、艾饼、草莓大福

干点类：葡萄干、绿茶瓜子、开心果、花生、姜片、杏仁、松子、薯条、芝麻糖、贡糖、软糖、酥糖、山楂、麻花、绿豆糕、桂花糕、荷花饼等。

鲜果类：龙眼、葡萄、哈密瓜、橙、苹果、菠萝、猕猴桃、西瓜等。

西式点心类：小蛋糕、曲奇饼、凤梨酥、蛋挞等。

中式点心类：花生糖、包子、粽子、饺子、烧卖等。

其他：豆腐干、茶叶蛋、笋干、各式卤品等。

茶点品种多，要根据饮茶的种类和个人的喜好来选择。但应该注意茶点为佐茶之用，不宜选择过于油腻、辛辣的食品，以免影响品茶。

盛装茶点器具的选择，应遵循干点宜用碟、湿点宜用碗、干果宜用篓、鲜果宜用盘、茶食宜用盏的原则。同时，在盛器的质地、形状、色彩上，还要与茶席上的主器物相吻合。

8. 相关配件

茶席里的相关配件的范围很广，既可以是工艺品，也可以是自制的手工品，但不论是哪类物品，在茶席中都要跟主器具巧妙配合、互相呼应，不仅要有效地陪衬及烘托茶席的主题，还要对茶席的主题起到更加深化的作用，从而获得意想不到的艺术效果。

小木猫

茶席里相关配件的种类包括珍玉奇石、穿戴、首饰、文具、玩具、体育用品、生活用品、乐器、民间艺术品、演艺用品、宗教法器、农业用具、木工用具、纺织用具、铁匠用具、古代兵器、文玩古董等，只要能表现茶席的主题都可使用。

相关配件选择和陈设的原则是：与主器物相呼应，多而不掩器，小而看得清。

9. 音乐

音乐，是一种声音的符号。它是由物质所产生的震动，包括人的生理震动和心理震动在内，是表达人的思想的一种载体。从效果上讲，它可以带给人美的享受和表达人的情感。

音乐的选播在茶席布置中至关重要。茶席设计无论作为静态的展示还是动态的演示，都是一种文化的传递，所以有效地调动音乐的作用会产生很好的效果。不同节奏、不同旋律、不同音量的音乐对人体有不同的影响，快节奏大音量的音乐使人兴奋，慢节奏小音量的音乐使人放松，柔和优美的音乐使人镇静。

在茶席演示中，音乐主要用于两个方面：

（1）背景音乐。背景音乐适合以慢拍、舒缓、轻柔的乐曲为主，其音量的控制非常重要。音量过高，显得喧嚣，令人心烦，会引起客人的反感；音量过低，则起不到烘托气氛的作用。

（2）主题音乐。主题音乐是专用于配合茶艺表演的，可以是乐曲也可以是歌曲。同一主题音乐还应当注意演奏时所使用的乐器，例如佛教茶艺宜选铜铃、木鱼，道教茶艺宜选二胡、笛，维吾尔族茶艺宜选冬不拉、热瓦普，云南茶艺宜选葫芦丝等。

10. 背景

茶席的背景，是指为获得某种视觉效果而设置在茶席之后的背景物。自古人们就非常重视背景的作用。茶席的价值是通过观众审美而体现的。因此，视觉空间的相对集中和视觉距离的相对稳定就显得特别重要。茶席背景的设置，就是解决观赏者不能准确获得茶席主题的有效方式之一。背景还起着视觉上的阻隔作用，使人在心理上获得某种程度的安全感。

室外茶事

茶席的背景形式，有室外和室内两种。

（1）室外现成背景形式：以树木为背景、以竹子为背景、以假山为背景、以街头屋前为背景等。

（2）室内现成背景形式：以舞台作背景、以会议室主席台作背景、以窗作背景、以廊口作背景、以房柱作背景、以装饰墙面作背景、以玄关作背景、以博古架作背景等。除现成背景条件外，还可在室内创造背景。例如，室外背景室内化的利用、织品利用、席编利用、灯光利用、书画利用、纸伞利用、屏风利用和特别物品利用。

四、茶席设计的技巧

茶席是一种符号，要符合泡茶逻辑，这个逻辑包含了对茶的解读。茶席其实也是一种对话，人与茶、人与器、茶与器、人与人之间的对话。多种的话语叠加，传递的是一种共同的语言。因此，技巧的掌握和运用，在茶席设计中就显得非常重要。

（一）茶席设计的基本规律

茶席设计的基本规律包括归纳化、主题化和意境化。所谓归纳化是把纷乱的茶艺道具和不同的茶艺形式加以整理、归纳，变为一种有规律的秩序和节奏，使器物构图形成统一的感觉。主题化是指在茶艺布景、构图时，各种材料的使用、艺术手

茶与春光

法的借用都要围绕一个共同主题，意图鲜明、主旨明确。意境化是指在进行茶席设计时，采用艺术的渲染手法，使整个茶艺布景呈现出一种诗歌般的意境美感，以充分体现设计者的审美水平、艺术格调和思想感情。

茶席设计，从道具、布局、动作、语言到氛围、意境，都要体现美感。茶席设计要追求形式美、主题美、氛围美和意境美，使人能充分感知茶艺的美，从而产生追求向往之心。

（二）茶席设计的特点

茶席设计有别于日常生活中实用性的泡茶，它主要有以下三个特点：

1. 茶席设计是理想化的构图

这种构图不必受自然景象、时间、空间条件的限制，也不必受实用性泡茶的约束，可以充分发挥作者的主观能动性，可以是历史题材的再现，可以是个人情操的表达，可以把黑夜、白天、古代、现代、古朴、精致在一幅作品中尽情展现。茶席设计可以从理想的角度去尽情发挥想象力，从而构成超越

清凉一夏

自然、具有浓厚浪漫主义色彩的理想构图。

2. 茶席设计是规律化、秩序化的构图

这种构图强调布局的严谨、周密，要求有规律、有秩序地安排各种道具。它具有程式化的美感、强烈的节奏感和韵律感。

3. 茶席设计是主题鲜明的构图

茶席设计的构图是围绕茶而展开的。它所使用的道具及艺术表现形式都要充分体现茶艺的美感，思路看似随意，道具仿佛可信手拈来，但时刻都要为茶服务。离开了茶艺精神的茶席设计是没有灵魂的，只是单纯的没有生命的器物展示而已。

潮州工夫茶

（三）茶席设计的要点

1. 构思要先行

在设计之前，先进行构思，等到灵感到来即可进行创作。要做到“意在笔先”“胸有成竹”。茶席构图的成败往往取决于构思，通过巧妙、新颖的构思便能恰如其分地表达主题思想，也使整个画面有浑然一体、一气呵成的气势。

2. 布局要严谨、周密

在设计好器物的构图之后，还要周密地安排主次器物的位置。构图中一切线、形、色的配置都必须服从整个构图的布局和态势，这样才能使整个构图形成一股气韵贯穿其中。

3. 构图上要突出主体形象

主体形象应放置在构图的视觉中心，通过形体的放大、垫高位置或色调反差等形式映衬出来，次要形象的处理要相对弱些，但不论是主体还是次要形象都必须使之结构清晰、外形完整。

4. 构图上要体现茶艺美感

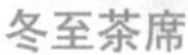

冬至茶席

陶器

构图时，要通过器物形态的大小的差别、空间位置的疏密度及色彩的明度、纯度的变化来体现层次感，使构图丰富、美观、耐人寻味。

五、茶席设计的文案

文案是以文字为手段来表现已经制定的创意策略，对事物的因果变化过程或某一具体事物进行客观的反映。

（一）茶席设计文案表述

茶席设计文案表述有自己特定的表达方式。一方面，它表述的对象是艺术作品，在表述中，必然要对作品的创作过程及内容作主观的阐述；另一方面，它表达的对象是以具体的物态结构为特征的艺术形式，只以文字的手段不能清楚地表达完整，还需以图示的手段加以说明。因此，文案的表述又需以图、文结合的形式来作综合的反映。所以，茶席设计的文案表述，是以图文结合的手段对具体茶席设计作品进行主观反映的一种表达方式。

茶席设计的文案表述由以下的内容构成：标题、主题阐述、器物选择及用意、结构说明、结构图示、茶品选择及冲泡方法、礼仪用语、作者署名及日期、文案字数。

（1）标题：概括设计方案内容，要新颖独特、吸引观众。

（2）主题阐述：即“设计理念”。详细阐述自己的主题，具有概括性和准确性。

（3）器物选择及用意：表达清楚器物的选择、色彩色调搭配、花材的选择、背景及音乐，每一项都说明用意。

（4）结构说明：对茶席由哪些器物组成、如何摆置、构图意图等加以说明。

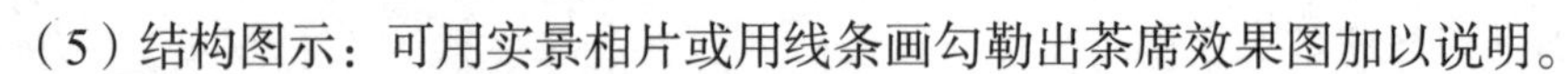

（5）结构图示：可用实景相片或用线条画勾勒出茶席效果图加以说明。

（6）茶品选择及冲泡方法：对用什么茶、为什么用这种茶、用什么方法来冲泡这种茶、冲泡的过程需注意的事项等要罗列清楚。

（7）礼仪用语：接待和饮茶时使用的礼仪语言。

（8）作者署名及日期：在正文结束的尾行右侧署上设计者的姓名及文案表述的日期。

（9）文案字数：全文的字数。一般控制在 500 ～ 800 字。

（二）茶席设计文案格式

茶席设计文案的具体格式如下，其考核内容和评分标准等见表。

标题：上、下空一行，三号宋体加粗，居中；

正文：每段首行空两格，四号宋体，行距 1.5 倍；

表述人：正文结束后右下角落款，如 × × ×（学号）；

日期：表述人下另起一行右下角，如 × × × × 年 × 月 × 日。

茶席设计考核表

序号	考核内容	评分标准	总分	扣分	总得分
1	茶品	茶品的色、形、味是否与主题相呼应	10		
2	茶器	茶器的质地、造型、色彩、大小及功能是否与茶叶搭配，布置是否合理	10		
3	挂画和背景	与主题、茶品、茶器是否呼应，是否能增强艺术效果	10		
4	铺垫	铺垫所用的质地、款式、大小、形状及花纹能否与茶器、茶品搭配	10		
5	插花	花器形状、花材的搭配以及摆放的位置能否与茶席相呼应	10		
6	焚香	香品与香具选择是否适宜，是否能丰富茶席内涵	10		
7	相关工艺品	工艺品与茶席主器是否搭配，是否能起到增强茶席艺术感的作用	10		
8	茶点茶果	与茶品及主题是否相宜，制作及样式是否精致	5		
9	音乐	是否与主题相宜，是否有助于欣赏及体会茶席意境	5		
10	文案编写	格式是否符合要求，是否有原创性，表达是否清晰，文字是否简练	10		
11	茶席展示	动作、服饰、语言、音乐等是否协调，是否能将茶席主题及茶品的特性充分展示出来并给人以美的享受	10		
合计			100		

模块二 技能实操

技能目标

1. 掌握因茶设席、因季设席、因境设席的原则。
2. 能够设计茶席并动态演示。

一、因茶设席

茶是茶席设计的思想基础，也因有茶而有茶席设计。

茶叶的品种很丰富，每种茶都有其自身的特性和特征。从茶的特性上看，我们可以从茶的内含物质及品质特点来做题材；从茶的特征上看，我们又可以从茶的形状、不同地域的制茶及饮茶方式等来做题材。

白毫银针、茶汤

（一）绿茶茶席

绿茶属不发酵茶，在制作过程中，虽受到火与热的调制，但姿态依然清汤绿叶，风味依然清新自然。可以说在六大茶类当中，绿茶的味道最接近鲜叶的状态。

在设席时，其色彩可以选择代表生机勃勃、清爽、健康的绿色，干净、纯洁的白色，幽静、清雅的蓝色来搭配。茶器选择上，宜使用耐高温的透明玻璃杯或玻璃碗，这样能清晰地欣赏到茶叶的舒展身姿，也可以用质地细腻轻薄的白瓷、青花瓷盖碗来冲泡。

西湖龙井

（二）白茶茶席

白茶属微发酵茶，不炒不揉，自然晾干或晒干而成，未受太多人工火温的调制，具有一种天然混成的风味。

因不同品种的白茶等级形状相差比较大，所以在设席时，要注重展现不同级别各自的品质特点。比如白毫银针、白牡丹要突出外形的观赏性，寿眉就要体现滋味的醇厚度，所以在选择色彩和器皿时要区分开。在设席时，色彩上可以选择白色、绿色，或者选择代表明亮、欢快的黄色来搭配。茶器选择上，为了便于观赏，可以选用透明的玻璃、白瓷、青白瓷等器皿来冲泡。

老白毫银针

（三）黄茶茶席

黄茶属轻微发酵茶，但由于闷黄过，口感自然温顺柔和不少，是一类含蓄而内敛的茶。

设席时，其色彩可以用白色、黄色、天蓝色来搭配。茶器选择上，为了便于观赏黄茶的芽头个个挺立的姿态，既可以用透明无花玻璃杯，也可以用质地细腻轻薄的白瓷盖碗来冲泡。

蒙顶黄芽

（四）乌龙茶茶席

乌龙茶属半发酵茶，芳香显著，以花蜜香为主，但又同时强调韵味的悠长，有大红袍的岩韵、铁观音的观音韵、凤凰单丛的山韵、岭头单丛的蜜韵，还有台湾乌龙的高山韵等。乌龙茶品种多样，干茶色有绿色、青褐色、褐红色等，汤色有淡黄色、黄色、橙黄色等。

设席时，其色彩可以用绿色、蓝色和优美高雅的紫色来搭配。茶器选择上，要突出乌龙茶的韵味，可以选用紫砂壶、白瓷盖碗来冲泡。在选品茗杯时，尽可能选高深的杯形，这样更能品出茶汤的独特香韵来。

武夷岩茶

（五）红茶茶席

红茶属全发酵茶，发酵后则汤色红艳、滋味醇甜可口，可以说是一类既富有浪漫色彩又饱含深情的茶。

红茶的品饮方式多样，所以在设席时，其色彩及茶器的选择也是多样的。其在色彩上可以选亮丽光鲜的黄色、橙色、红色和紫色，在器皿上可以选玻璃壶、白瓷壶、白瓷盖碗、暖色调瓷器。

正山小种

（六）黑茶茶席

黑茶属后发酵茶，采摘原料相比其他茶类较为成熟，经过后发酵或陈化后，茶多糖的甜充分显露出来，甜润而别有风韵，越陈越香，品的是时间的味道。

在设席时，其色彩可以用暖色调的黄色、橙色、红色、藏红色、褐色等，以体现黑茶历经陈化后的韵味；器皿可选择紫砂壶、陶壶、白瓷盖碗。

普洱熟茶、生茶

二、因季设席

庄子说："天地有大美而不言，四时有明法而不议，万物有成理而不说。"节气的变换，万物的荣枯，四季的秀色，天地的大美，都蕴含在春生、夏长、秋收、冬藏的自然演化之中。

不同的季节，有不同的花开花落，更有不同特色的茶饮。不同的季节品不同的茶，便勾勒出茶与季节相融合的不同茶席。布置茶席时，应考虑茶品与时节的呼应、与色调的呼应以及与茶席主题的呼应。

（一）春天：院子里的茶事

春天茶事

返璞归真，是多数现代人追求的生活方式。春天是充满希望的季节，到处生机勃勃、春意盎然。端坐在庭院中，我们既可以嗅到自然的气息，又可以享受到居住的安逸。邀约三两好友，端来一套喜爱的茶具沏茶，在茶叶的舒展中感受春天的生机和温柔。把在城市里紧张的生活节奏放慢，在院中得温馨与自在，放飞心情，让心自由飞翔。

（二）夏天：小溪边的茶事

夏天茶事

夏天是炎热的，也是清凉的。古代文人崇尚在大自然中设置茶席，喜欢在松下、竹下、山泉边饮茶。“野泉烟火白云间，坐饮香茶爱此山。岩下维舟不忍去，青溪流水暮潺潺”。虽然现代人的生活环境改变了很多，很少有机会可以体验这样的品茶环境，但对爱茶人来说，总会寻得一方天地，暂且逃离城市的包围，去饮一杯茶，悠享夏日清凉。

（三）秋天：大树下的茶事

秋天茶事

秋天，在树下设茶席，感受秋天的落叶、清凉的风以及阳光透过树洒在脸上的温柔。静然相坐，风轻轻吟，花轻轻落，香漫漫溢，让人倍感舒适、宁静，尽享大自然赋予我们的美好。

（四）冬天：围炉夜的茶事

冬天茶事

古人说："寒夜客来茶当酒，竹炉汤沸火初红。"一杯热气腾腾的茶，能让经过朔风寒冷的人从内而外地暖和起来。三五密友围坐，杯中茶香流转，好一幅冬日饮茶乐融融的画面。

三、因境设席

（一）家庭茶席

温柔的心意

在中国人的家庭中，客人来了都会泡上一壶茶来招待，这是中国人的待客之礼。如果经常以茶会友会客，可以在客厅开辟一个开放式或半开放式的茶室，又或者只在餐桌上，都是非常不错的品茶的地方。

在家中喝茶，建议用干泡法冲泡，简单大方，干净整洁，随时享用。平常不用的时候，器皿可以收在柜子里，等有客人来时再设席。设席时要考虑以下四点：

第一，确定喝茶的人数。准备好相应的茶和器皿，还要确认泡茶的水是否充足。第二，铺席布。家里可以准备多几条不同颜色的席布用来搭配不同的茶品。一旦铺上席布，饮茶的气氛就会调动起来。第三，布置茶席。主人按照自己的冲茶习惯，比如左手席或者右手席，按照自己的冲泡手法布席。在布席时主人把用的器物放在离自己近的一边，客人用的茶杯摆放在离客人近的一边。第四，如果能在茶席上放置一个花器，插上简单的花草，就会使整个空间更显生机和活力。

（二）企业营销型茶席

白、素、意

企业营销型茶席是指通过茶席来促销茶叶、茶具等商品。营销本身也是一门艺术，营销型茶席是最受茶庄、茶厂、茶叶专卖店欢迎的一种茶席。这种类型的茶席不局限于格式化的程序，而是结合茶叶市场学理论和消费心理学来充分展示，意在激发客人的购买欲望，最终达到促销的目的。

（三）舞台表演型茶席

宋代点茶

舞台表演型茶席是指由一个或几个茶艺师在舞台上进行茶席动态演示，供众多观众在台下欣赏。舞台表演型茶席适用于茶艺比赛或大型聚会，为了营造更理想的表演效果，茶艺师可以借助舞台美术的一切手法提高艺术感染力，灯光和布景等也应当根据表演的内容主题进行设计。

舞台表演型茶席是由演出的主题、表演的形式来确定的，现场的茶席、布景、背景墙等构成的舞台要有足够的观赏性，在短短的表演时间里，一定要让观众感受到你所要表达的故事主题，获得理想的观赏效果。

（四）户外茶席

户外茶席

户外品茶，最讲究自然本味。在户外设席，要讲究应景与和谐，不能破坏了自然的景色、抢夺了自然的味道。把茶席融于自然之中，一边悠闲地品茗，一边惬意地观赏优美的环境，若还有琴箫和鸣，更是悠闲自得，使人心情放松、心态平和安宁。面对伟大而又美妙的大自然，人们不由得升起崇拜、喜爱之心，在自然环境中与大自然进行心灵对话，这就是茶人将自然的景物融入茶席的情结所在。

自古以来，几乎所有表现品茶内容的图画，都将茶席置于清幽的自然环境中，如山西省大同市西郊宋家庄元代冯道真墓室东壁南端的壁画《童子侍茶图》：室外几株新竹前，一块硕大的假山石后，一方茶席设置于此。离离散红的桃花掩映于旁，摆放有致的茶器展现在茶桌上，洁净的茶盏、盏托叠扣整齐，瓷质茶仓上贴着“茶末”的字条，精致的茶食盘上摆放着茶果、茶点，对称地放在茶仓的两侧，茶筅、茶匙、茶盏等配置齐全，是一个较完整的错落有致的茶席设计。

现代人虽没有古代文人的生活条件和自然条件，但是古人对自然的崇尚精神值得我们传承和借鉴，也就是在有限的空间里，尽可能地塑造出一种与天地融合、清幽雅趣的品茗环境。

（五）民族民俗型茶席

客家擂茶、炒茶

我国是一个多民族相依共存的大家庭，各民族对茶虽有着共同的爱好，但是不同民族有着不同的饮茶习俗，就是汉族内部也是“千里不同风，百里不同俗”。在长期的茶事实践中，不同地方的老百姓创造出了各自独特风格的民俗茶艺，如藏族的酥油茶、蒙古族的奶茶、白族的三道茶、畲族的宝塔茶、布朗族的酸茶、土家族的擂茶、维吾尔族的香茶、纳西族的“龙虎斗”、苗族的油茶、回族的罐罐茶以及傣族和拉祜族的竹筒香茶等等。各民俗茶席的表现形式也是多姿多彩，清饮混饮不拘一格，民族特色十分鲜明。

（六）宗教茶礼型茶席

禅茶茶席

我国目前流传较广的有禅茶茶礼、观音茶礼、太极茶艺等。宗教茶礼型茶席的特点是特别讲究用具，茶具古朴典雅，气氛庄严肃穆，以“天人合一”“茶禅一味”为宗旨，强调修身养性或以茶喻道。通过布置宗教茶礼型茶席，创造独具宗教文化内涵的氛围，享受的是一种平和、一种安宁，种种尘世纷扰、功利得失、心浮气躁一并褪去，净化了心灵，愉悦了精神。

模块三 案例赏析

一、暖冬

（一）主题阐述

围炉烹茶，冬日里最清雅的温暖。

寒冷的冬夜，围着红泥火炉，在火炉旁暖手，不经意忆起儿时：放学回到家中，小脸冻得通红，奶奶总会递给我一碗红浓的茶汤。冰冷的手接过奶奶手中的茶碗，贪婪地汲取着它的温度，暖意透过这茶杯渗入我的掌心。茶可暖手，亦可暖心。微风摇曳着烛光，让我们静坐下来品一杯暖茶，温暖我们的人生。

（二）器物配置组成

米黄色茶席一张、红色茶席一张、红泥风炉一个、提梁壶一把、壶承一个、紫砂壶一把、公道杯一个、茶则一个、茶针一支、茶叶罐一个、杯托五个、品茗杯五个、烛台一盏、花器一个。

选用茶叶：云南普洱老熟茶。

陈茶属于温性，有养胃、护胃的作用。冬天气温比较寒冷，熟茶在冬季是最佳的选择。

（三）色彩色调搭配

红色的烛光在冬天会给人带来一种身心的暖意。茶席布置以暖色调为主，如红色、棕色、土黄色，在视感上突出“暖”的意境。

（四）花艺

主花用火棘。

火棘的花语是温暖人心，是一种寓意吉祥的花。

（五）背景音乐

背景音乐用“Moon Temple”（Karunesh）。

这是一首富有禅道意境的曲子，空灵、安静穿越在淡淡的旋律间，音乐的起伏始终是柔缓的。在暖冬的茶席中，柔美的音乐可使人产生镇静、愉悦、温暖的感觉。

二、正月茶席：一抹朱丹国色

岁末年初，正是人情最浓时。

素日清雅的茶席，逢正月，也添一抹朱丹国色。

紫砂凝亮、漆盘朱砂，老则包浆、瓷瓯赤底描金……

关于喜庆、吉祥、祷祝，好似原本就是它们存在的意义。

布置一方茶席究竟要用多少道具？

其实，够冲泡饮茶就好，

豆沙糕、柿子饼、杏仁酥，

榭篮里的金漆小碟盛着香甜，

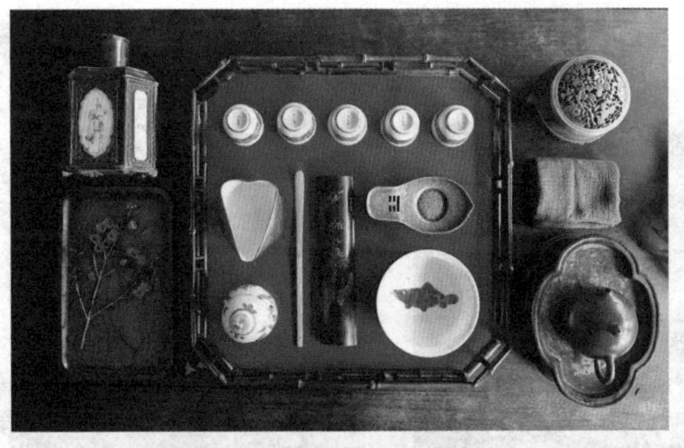

正月茶席

甜不过一支冬日里的山茶。
正月里寒风料峭，
红茶的温润馥郁最适宜，
正山小种散发淳之暖味，游走在松针熏香间；
经年不见的故交，久未聊起的家常，
都映在红亮的茶汤里。
日常茶席，不过方寸间，
年节岁岁有，不过又一年，
但正月里饮小种，谷雨时品龙井……
月月茶不同、花不同，吃食与心境也随之轮转。
与故人一同煮水待茶烟，听窗外烟花爆竹声，
便是正月里最暖的茶席了。

三、清明茶席：袖风染雨，花下共茗

清明时节，处处烟雨朦胧，正是名茶盛出时。
“万语与千言，不如吃茶去”。
仲月里最清幽雅静之事，莫过于与友人“袖风染雨，花下共茗”。

清明茶席

谈笑之间，人与茶、器与物交相辉映。

品清茶于境，怡情养性。

感喜悦于心，时光流转。

一切都融于这仲春的茶席间。

明前龙井，扁平挺秀，清香馥郁，于清明前采摘，因未经发酵而保留着特有的鲜嫩气息。投茶于青花碗中，银壶注水，银勺分茶，春色回环于碗底，清香自来，倒八小杯立于老锡茶托，似星点雪柳落于春叶。

品龙井，尝青团，

清香作伴，甜上心头，

不求留芳菲春景，只求挽三分春意。

仲春茶席素净，以青花描世间，

青花蓝，是洗尽铅华之青，穿越千年风雨，遗世独立。

茶滋于水，水藉于器。一杯一盏，皆散发柔和宝光，如玉般细腻莹润。

四、梅月茶席：夏时青梅熟，坐听梅雨声

孟夏，梅月雨绵绵，念桥边红药，

茉莉花茶香，梅子青可摘。

梅月之末，取梅子之色，

置一方梅月茶席，亦不辜负这荫荫梅果。

将雨中远山晚翠、平湖湛碧腾转席间，

锡盖茶罐、青莲茶杯、青瓷盘碗、提耳香炉，

如玉温润的瓷色，莹润青翠，

梅月茶席

淡淡一抹，悄然动人心。
春夏之交，如青梅之味，
徘徊在酸甜间，
浅咬一口青梅，
插数支芍药在竹篮，
落前怒放的芍药，是暮春的投影，
生怕一时轻重，就将最后一抹春色一并抖落了。
天雨连连，摆一角茶席，
梅香、花香、檀香，都不及茉莉茶香鲜灵。
和知己两人，听雨汲茶，
天南地北，家常琐事，
或许会消失在一点一滴的雨里。
年岁不同，听雨的心绪自也不相同，
年少时听雨，倚窗强说愁，
如今依旧梅雨缠绵，再听雨声点点，
连悲欢离合也渐渐随氤氲散去。
不如珍惜此时，
寻旧友共饮一壶茶，看一场总也不停的梅雨。

素质塑造

一、环境认知能力

作为一名茶席设计师，一定要掌握从环境空间设计入手的设计方法，由浅入深地了解与掌握茶席设计的规律与手法，使之表达的主题内容能成功打动别人。

二、观察分析能力

对不同类型的环境空间，都应具有敏锐的观察分析能力以及良好的记忆能力，并能掌握现代摄录工具的使用方法，随时收集各种信息资料，善于发现选取各种信息资料，以便需要时取用。善选善用信息的能力是建立在日积月累和大量获取信息的基础之上的，所以勤于收集信息资料无疑是茶席设计师必备的一项基本技能。

三、审美鉴赏能力

每个人的审美都不一样。作为一名合格的茶席设计师，必须通过长期的努力和实践，训练出一双具有审美鉴赏能力的眼睛。可能大家都会觉得审美能力是天生的，但其实这个是可以后天培养锻炼的。因为在布置茶席时，需要个人想象力和审美力的综合运用，才能设计出极具个人特色的意境，这也是个人风格和品位的体现。而这双具有审美鉴赏能力的眼睛，是建立在长期对事物的分析与比较以及审美鉴别、欣赏能力培养基础上的。

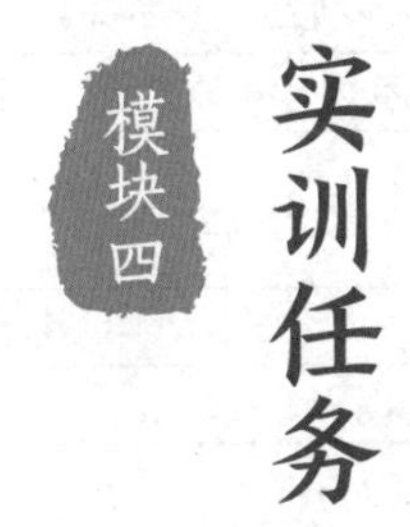

实训项目一：熟练掌握茶席设计的基本构成要素

任务目标：认识茶席设计，能够熟练掌握茶席设计的基本构成要素。

实训方法：教师以视频、图片或实物展示并示范讲解，学生分组练习并填写实训报告单，采取小组互评模式。

实训内容：（1）在了解各类茶具基本功能的基础上，完成茶具的选配及摆放；（2）习练茶席插花，掌握茶席插花的技巧；（3）习练茶席铺垫，掌握茶席铺垫的方法；（4）了解茶席中的香料的种类，掌握茶席中的香品配置；（5）习练并掌握茶点的搭配方法。

实训报告单 1

实训项目：茶器组合　班级：　　　　组别：　　　　学号：　　　　姓名：

序号	茶具组合类型	茶品	茶具选配	小组互评
1	杯泡茶具组合			
2	壶泡茶具组合			
3	盖碗泡茶具组合			

实训报告单 2

实训项目：茶席插花　班级：　　　　组别：　　　　学号：　　　　姓名：

序号	主题	花材	寓意	花器	搭配技巧	小组互评

实训报告单 3

实训项目：茶席铺垫　班级：　　　　　　组别：　　　　　　学号：　　　　　　姓名：

序号	主题	选材	色彩搭配	铺垫方法	小组互评

实训报告单 4

实训项目：茶席中的香品　班级：　　　　　　组别：　　　　　　学号：　　　　　　姓名：

序号	主题	香品	香炉样式	香炉摆置	小组互评

实训报告单 5

实训项目：茶席中的茶点　班级：　　　　　　组别：　　　　　　学号：　　　　　　姓名：

序号	主题	茶点种类	品名	茶点器具	小组互评

实训项目二：熟练掌握不同主题的茶席设计方法

任务目标：能够熟练运用茶席设计的基本构成要素，根据不同主题进行茶席设计，学会因茶设席、因季设席、因境设席。

实训方法：教师示范讲解，学生分组练习，教师点评。

实训内容：教师准备好适合各种主题茶席的茶叶、茶具、铺垫、花材、花器、香品、香具、挂画、茶点等，学生分组设计茶席并填写实训报告单。

实训报告单 1

实训项目：因茶设席　班级：　　　　　　组别：　　　　　　学号：　　　　　　姓名：

茶席主题	茶叶	茶具组合	铺垫	插花	焚香	挂画	茶点
绿茶茶席							
白茶茶席							
黄茶茶席							
乌龙茶茶席							
红茶茶席							
黑茶茶席							
综合评价：				提升建议：			

考核时间：　　　年　　　月　　　日　　　　　　　　　考评教师（签名）：

实训报告单 2

实训项目：因季设席　班级：　　　　　组别：　　　　　学号：　　　　　姓名：

茶席主题	茶叶	茶具组合	铺垫	插花	焚香	挂画	茶点
春日茶席							
夏日茶席							
秋日茶席							
冬日茶席							
综合评价：			提升建议：				

考核时间：　　　年　　月　　日　　　　　　　　考评教师（签名）：

实训报告单 3

实训项目：因境设席　班级：　　　　　组别：　　　　　学号：　　　　　姓名：

茶席主题	茶叶	茶具组合	铺垫	插花	焚香	挂画	茶点
家庭茶席							
企业营销型茶席							
户外茶席							
民族民俗型茶席（自创）							
舞台表演型茶席（自创）							
综合评价：			提升建议：				

考核时间：　　　年　　月　　日　　　　　　　　考评教师（签名）：

实训项目三：茶席设计演示

任务目标：学生在掌握了不同主题的茶席设计方法后，能够上台进行茶席动态演示。

实训方法：教师示范讲解，学生分组派代表上台展示，采取竞技模式，学生当裁判，教师进行最终点评。

实训内容：学生分组自主设计茶席，并派代表上台做茶席陈述，进行茶席动态演示。

实训评分表

班级：　　　　　组别：　　　　　学号：　　　　　姓名：

序号	考核内容	评分标准	总分	扣分	总得分
1	茶品	茶品的色、形、味是否与主题相呼应	10		
2	茶器	茶器的质地、造型、色彩、大小及功能是否与茶叶搭配，布置是否合理	10		
3	挂画和背景	与主题、茶品、茶器是否呼应，是否能增强艺术效果	10		

续表

序号	考核内容	评分标准	总分	扣分	总得分
4	铺垫	铺垫所用的质地、款式、大小、形状及花纹能否与茶器、茶品搭配	10		
5	插花	花器形状、花材的搭配以及摆放的位置能否与茶席相呼应	10		
6	焚香	香品与香具选择是否适宜，是否能丰富茶席内涵	10		
7	相关工艺品	工艺品与茶席主器是否搭配，是否能起到增强茶席艺术感的作用	10		
8	茶点茶果	与茶品及主题是否相宜，制作及样式是否精致	5		
9	音乐	是否与主题相宜，是否有助于欣赏及体会茶席意境	5		
10	文案编写	格式是否符合要求，是否有原创性，表达是否清晰，文字是否简练	10		
11	茶席展示	动作、服饰、语言、音乐等是否协调，是否能将茶席主题及茶品的特性充分展示出来并给人以美的享受	10		
合计			100		

考核时间：　　年　　月　　日　　　　　　考评教师（签名）：

第四篇 茶会

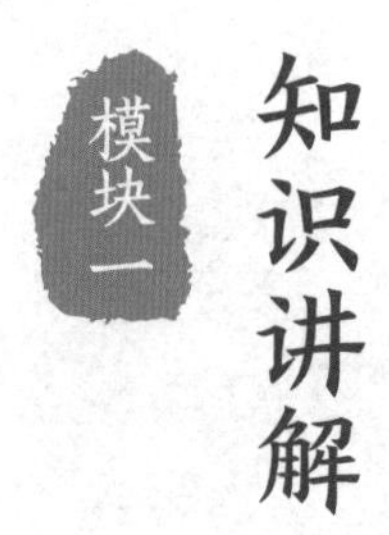

学习目标

1. 了解茶会的兴起与发展过程。
2. 认识茶会的形式。
3. 熟悉茶会的组成要素。

一、茶会的兴起与发展

如今越来越多的人对茶之为仪式、之为茶道，甚而之为文化，都是从一场精致有序的茶会开始的。茶会，在我国已有上千年的历史。在《现代汉语词典》中，茶会被解释为用茶点来招待宾客的社交性集会，而茶宴则是指用茶叶和各种原料配合制成的茶菜举行的宴会，所以两者并不等同。经考证，在茶会活动出现的初期，广泛被称为“茶宴”。换言之，古代文献中记载提及的“茶宴”“茗宴”是茶会活动的前身。

茶会始于魏晋南北朝，兴于唐代，盛于宋代。东晋吴兴太守陆纳的“以茶设宴”是历史记载最早的茶会活动，据魏晋南北朝时期《晋书·陆纳传》记载：“纳自祖言。少有情操，贞厉绝俗……”陆纳素以清廉闻名，有一次卫将军谢安去拜访陆纳，陆纳的侄子陆俶见叔父未作准备，但又不敢去问他，于是私下准备了可供十几人吃的菜肴。谢安来了，陆纳仅以茶和果品招待客人，陆俶就摆出了预先准备好的丰盛筵席，山珍海味俱全，擅自将茶宴改成了酒宴。客人走后，陆纳打了陆俶四十大板，教训说：“汝既不能光益叔父，奈何秽吾素业”。这段历史故事间接地说明当时已出现了茶宴，只是尚未普及，部分文人雅士喜欢用这种简朴真挚的方式集会交流。

正式的茶会，在唐代开始兴起，当时刘长卿的《惠福寺与陈留诸官茶会》、钱起的《过张成侍御宅》、周贺的《赠朱庆余校书》等诗作都有相关描述。其中钱起的《过张成侍御宅》诗“杯里紫茶香代酒”，描写了文人集会以茶代酒的情形，说明茶会在文人中已成时尚。唐代的茶会等级比较高，主要类型有宫廷茶会、文人茶会以及寺院茶会。当时最豪华的“清明宴”，就是皇家的新茶品鉴会，通过宴请群臣，彰显国之强盛，皇恩之浩荡。古代文人崇尚交际，他们一边品茗，玩杯弄盏；一边吟诗作赋，茶助诗兴，出口成章，每每成为千古绝唱。在唐代诗篇所记载的茶会和茶宴中，大多有寺庙僧人的身影。随着饮茶风气的普及，以饮茶为中心的茶会为僧人提供了一个重要的交际平台，茶会进入寺院后，自然被僧侣所接受，逐渐演变为“茶筵”。寺院茶筵以茶为主，在饮茶的同时还以相应的食品款待宾主。当然，茶筵场合不限寺院，参加者也不限僧俗，世俗的王公贵族和佛教信徒也可举办茶筵，招待僧人并联络感情，以助参禅说法，《联灯会要》卷二十六就有南唐李后主为法眼禅师开设茶筵的记载。

到宋代，茶会与之前有了很大的变化，宋代文人饮茶风气比唐代更盛。茶会的形式更加丰富，有文人茶会、贵族茶会、民间茶会和寺院茶会等。其中文人雅士在茶会上常常进行“斗茶”或称为“茗战”的活动，来评定茶与茶技的高下。在宋徽宗所作的《文会图》中，以绘画的形式，直观表现了宋代文人雅士品茗的场面。宋代茶会的组织形式和设计安排都已成熟，从备茶、烧水、备具、茶点、品饮、焚香、插花、弹琴等各方面的工作都很到位，显示出我国文人茶会的高尚化与雅致化。当时在宫廷茶会的带动下，民间的爱茶人士也常常举办各种不同规模的茶会。此外，寺院茶会发展至宋代已有了专门的禅门清规“茶汤礼”，对于茶会的具体步骤（击鼓、鸣钟、击板等）都有明确规定，所谓“钟鸣鼎食，三代礼乐，备于斯矣”。其中，以“径山茶会”最具影响力。

发展到明代，明太祖朱元璋废团茶兴散茶。随着社会简约风气的盛行，泡饮法逐渐取代煎茶法成为主导。由于泡饮方式的简单便捷，使得茶会的形式和内容更为多样化，也更加亲民。文徵明在《惠山茶会图》中生动描绘了一次文人的露天茶会，该画描绘了清明时节，春意萌发，文徵明与好友蔡羽、王守、王宠等，结伴游览无锡惠山，在“天下第二泉”的二泉亭下，品茶畅谈，吟诗唱和。这一场景就是当时茶宴的生动写照。

清代茶宴盛行与帝王的重视有关。乾隆皇帝一生嗜茶。据《清朝野史大观》记载，每年元旦后三天举行茶宴，由乾隆亲点能赋诗的文武大臣参加。

到现代，随着社会文明的进步，茶会有了新的内容与形式，日渐成为茶文化传播的重要平台，也成为茶文化知识体系中不可或缺的一部分。茶会在不同历史阶段有各自独有的特点，现代人则赋予其更丰富、更多元的形态内容，尤其是互联网时代，除了诗、词、书、画、乐，时令节气、影像、非遗文化等元素也被运用到茶会活动中。

通过茶会活动，既可学习传播茶文化知识，推广健康、积极、快乐的茶道生活，又可广交朋友，增进人与人之间的感情交流。自然、健康、安静、高雅逐渐成为人们的生活追求，以茶为媒、以茶会友日益成为交流的一种方式。一场茶会，可以让忙碌的人停下匆匆的脚步，用一杯茶汤滋养身心。在一盏茶汤的时光里，感受当下，享受人茶合一，细细品味生活的美好。

二、茶会的形式

现代茶会的基本形式包括小型茶话会、茶文化沙龙、新茶品发布会、户外雅集等。

（一）小型茶话会

茶话会

茶话会是最简单的一类小型茶聚，人数一般 5 ～ 20 人，是以清茶或茶点招待客人的聚会。以茶聚会，可以就某个主题进行讨论，或者以茶入手进行自由探讨，谈话内容自由活泼，形式轻松自在，因此广受大众喜欢。

在中国，茶话会已经成为各阶层人士进行谈心、表示情谊、交流感情的集会形式，可用在多种场合，小的如迎宾送友、同学朋友聚会、学术讨论、文艺座谈，大的如商议国家大事、庆典活动、招待外国使节等。各种类型的茶话会，既简约节俭，又轻松高雅，是一种效果良好的集会形式。

（二）茶文化沙龙

茶文化沙龙

文化沙龙是指一些志趣相投的、有一定身份地位的人，相聚在一起，针对自己感兴趣的文化、思想等方面的议题，无拘无束，相互探讨、交流的一种非正式的聚会活动。茶文化沙龙是文化沙龙的一种，是指以茶艺、茶道、茶产品为主题开展的聚会交流活动。每个人所趋向的交流形式是不同的，茶文化沙龙既然是一种交流形式，就可以借用一切大众感兴趣的元素，因此茶文化沙龙空间可以是西式的，也可以是中式的，茶文化沙龙议题可以与茶文化相结合，也可以畅谈文学、哲学、影视、音乐、绘画等。

（三）新茶品发布会

新品海报

新茶品发布会，简称发布会。新茶品发布会除了兼具一般茶会的常规功能，还具有延伸出来的营销功能。比较注重品牌形象或传统文化的茶企，都会通过发布会的形式进行企业及新茶品的宣传。对商界而言，举办新品发布会，是商家联络、协调与客户之间相互关系的一种最重要的手段。

新品发布会的常规形式是由某一商界单位或几个有关的商界单位出面，将有关的客户或者潜在客户邀请到一起，在特定的时间和特定的地点举行一次会议，宣布一款新产品。对于企业来说，新品发布会的流程制定非常重要，由于企业新品发布会关系着未来的销售，所以出彩的流程策划会给新产品的推出形成正面的影响。

（四）户外雅集

户外雅集

古代文人雅士以文会友的聚会，称为“雅集”。中国历史上每一个精彩的雅集，几乎都是在山水清嘉的郊外或园林里来完成的，比如三国时期曹氏父子经常邀约建安名士邺下云游，诗酒酬唱，开创了文人雅集的先河；魏晋时期大书法家王羲之与其众位好友在会稽郡山阴举办曲水流觞兰亭集会，诗文吟咏，成诗数十首，王羲之把大家所作的诗集在一起，乘兴挥毫，写下文辞与书法并绝千古的《兰亭集序》，成为雅集史上的传奇；北宋年间苏轼、苏辙等名士集会于王诜府邸西园，当时李公麟作《西园雅集图》、米芾作《西园雅集图记》以记其盛，“西园雅集”成为令后世文人墨客追慕不已的文坛佳话。

对于当今繁忙的都市人来说，如果能停下脚步，在不忙的周末，约上三五好友，到绿郊山野，与大自然近距离接触，伴松风竹月，铺一方茶席，烹泉煮茗，细细品饮，畅聊人生，该是何等诗意畅快，这也正表现了大多数人对恬静自然的不懈追求和不受拘束、诗意生活的无限向往。

三、茶会组成要素

（一）茶会组成基本要素

茶会的举办组织方要根据茶会的种类，确定茶会主题、茶会规模、参加对象、茶会时间、茶会性质、茶会形式、茶会地点、经费预算。

1. 茶会主题

确定茶会的主题，根据主题拟订方案并向邀请对象提前发出邀请函，说明召开本次茶会的原因、主题内容以及茶会流程，让每位来宾做到心中有数，事先做好准备。

2. 茶会规模

确定参加茶会的人数，一般小型茶会在 10 人以内，中型茶会 10 ～ 30 人，大型茶会 30 人以上。

3. 参加对象

要确定参加茶会的主体，邀请哪些方面的相关人员参加，比如合作伙伴、相关专家、社会贤达等。考虑到部分受邀人员可能临时因事不能前来参加，人数不易掌握，可先发通知，并附回执，最后再根据回执情况确定人数。

4. 茶会时间

应根据主题内容和程序，预定茶会日期及具体时间，时间包括半日、一日或是连续数日的一系列茶会。

5. 茶会性质

茶会性质包括单纯的茶会，结合用餐的茶宴或是配属的茶会（配属的茶会是指研讨会中一项活动的茶会）。

6. 茶会形式

茶会形式可分流水式、固定式、游园式、分组式和表演式，也可选择几种相结合的形式。根据不同的主题、不同的环境、不同的季节设计应景、雅致的茶席。

7. 茶会地点

根据以上确定结果，具体落实茶会地点，包括报到地点、用餐地点、茶会地点。如连续开数日，还要告之住宿地点。茶会地点可以选择室内、庭院、公园、游船、山野、郊外等，以安静、舒适为佳。

8. 经费预算

茶会应有预算，这是保证茶会成功进行的重要条件。另外，如需要收费，应尽早通知来宾收费金额，这也是来宾是否考虑参加的因素之一。

对以上各方面心中有数之后，组委会要分工落实各项任务，如安排联络组负责发通知、收回执、邀请嘉宾、落实各个项目；由会务组负责落实茶会地点、布置会场、准备器物、分发资料等；由生活组负责报到接待、茶水供应和食宿安排；由茶艺组负责茶艺表演和相关艺术表演；等等。

（二）茶会要素的注意事项

1. 主题确定

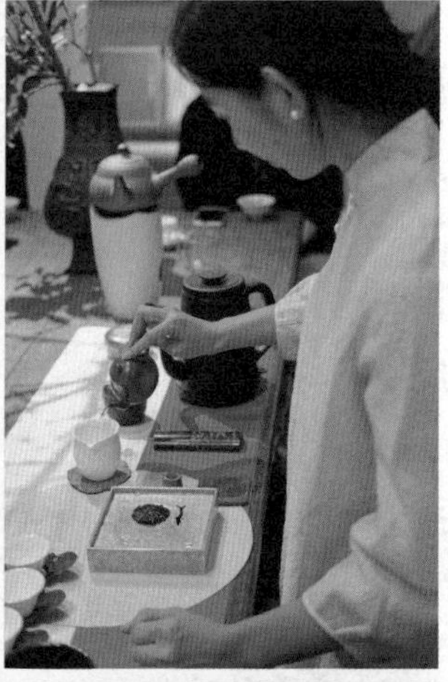

岁末茶约

确定好茶会的主题，根据茶会的主题选择相应的元素来布置茶会场地。茶会场地有室内和室外两种。室内应该选择环境清静、布置雅致的场所，并根据主题内容，选择时令花材、盆景、器物来布置空间，营造茶会气氛。室外的环境，应做到场地开阔，进出通畅，安全方便，清幽雅致，以使宾客有更好的沉浸式体验。

2. 茶会茶席

根据茶会的主题及季节设计茶席方案。茶品、茶器、茶席铺垫、茶点、音乐及花艺要协调融入。

茶会的茶席可以采用多种形式相结合来呈现，可有流水席、固定席和人人泡的茶席。流水席一般适合纪念、研讨、联谊式茶会，会场设计不同的席会，冲泡不同的茶品，宾客拿着杯子可以到自己欣赏的席会去品尝；固定型茶会一般适合交流或主题突出的茶会。席上，大家都按安排好的座位落座，每桌席都有茶艺师来主泡，如果多人就配有助泡，然后将茶汤分给每位嘉宾；人人泡的茶席，每位席主既当主人又当客人，是一种大家泡茶给大家喝的茶会方式，如无我茶会。

茶会的茶品，单场茶会一般会准备 3 ～ 4 款不同的茶品。品饮的顺序，由清柔到浓厚，让客人在口感体验上，从淡到浓，层次丰厚，口腔饱满，回味无穷。

茶会的茶点，根据时令及选择的茶品来搭配，选择新鲜无添加剂，宜小口品尝、精致的茶点，用精美的茶碟来盛放，最好按参会人数准备，一人一份。忌带硬壳及包装太烦琐的茶点，以免影响宾客品茶。

茶会的音乐，需提前准备，开场前 30 分钟就可以播放安静舒缓的音乐，让宾客放松下来，迅速融入茶会现场，可以选择古琴、钢琴曲等轻音乐。

茶会的记录，可邀请摄影师记录下茶会及每一位茶客的美好瞬间，可以提前建一个微信群，茶会一结束就可以先选部分精彩瞬间的照片和视频与大家分享。

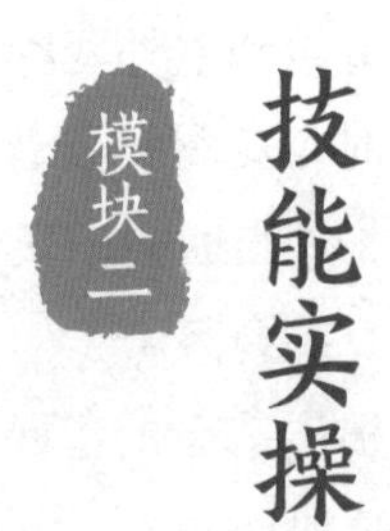

技能实操

技能目标

1. 熟悉各种茶会类型。
2. 掌握不同阶段茶会的礼节。
3. 能够撰写茶会策划书。

一、茶会类型

茶会种类繁多，从政府到民间，各个地区、各个民族、各个阶层，都有自己不同特色的茶会内容和形式。按目的来分，茶会主要有如下几类。

（一）品茗茶会

品茗茶会又称茶叶品鉴会。目的是对某种或多种茶品进行品鉴，比如西湖龙井品茗茶会、信阳毛尖品茗茶会等。比如每当春茶或是新品上市，就会用这类品鉴会来推广产品，让茶友可以更全面地体验新茶品。品鉴会上，首先会有主持人介绍今天要品饮的茶，接着有茶艺师冲泡让大家品饮，饮后主持人会询问大家的品饮感受，茶友们踊跃发言，从中能增长见识，拓宽眼界，也能结交新朋友，主办方通过大家踊跃的发言，对产品的定位及方向会更清晰，也更利于维护原有消费者，开发新的消费群体，增进茶品的知名度，体现品牌的专业性等。

（二）节庆茶会

节庆茶会是以庆祝各种节日或喜事而举行的各种茶会，如中秋茶会、时令茶会、迎春茶会、端午茶会、重阳茶会、生日茶会、满月茶会、周年庆茶会等。

（三）主题茶会

少儿茶会

主题茶会是围绕一定主题而举行的各种茶会。如夏日清凉茶会，秋日丰收茶会、冬日围炉夜话茶会、申时茶会、二十四节气茶会、亲子茶会、少儿茶会等。

（四）艺术茶会

艺术茶会是对某项艺术进行共赏而举行的茶会，如书法茶会、吟诗茶会、昆曲茶会、插花茶会、古琴茶会等。

古琴茶会

（五）交流茶会

交流茶会是以切磋茶艺和推动茶文化发展为目的的经验交流茶会，如无我茶会、中日韩茶文化交流茶会、国际茶文化交流茶会等。

无我茶会（图片来源：振兴茶业）

无我茶会是交流茶会中的一种特殊形式，大家携带简便茶具，自备茶叶与热水，席地围成一圈，人人泡茶、人人奉茶、人人喝茶。如果约定每人共泡四道，每道四杯，其中第一、三道奉给左邻三位茶友及自己，第二、四道以纸杯奉给围观之观众。依约做完，喝完最后一道茶，聆听一段音乐或静坐后，即可收拾茶具，结束茶会。

无我茶会以“无”为核心主旨，它的“无我”不同于宗教义理的“无我”，而是指“我”懂得“无”之真义，进而追求茶会进步的意思。人人了解“无”可生出“有”，且“有”与“无”循环不息之真义后，进而追求日新又新、进步再进步，故以“无我”为茶会名称。

无我茶会无须指挥与司仪，一切依事先发给的“公告事项”行事，使大家养成“遵守公共约定”的习惯。参加茶会者的座位由抽签决定，谁会坐在谁旁边、谁会奉茶给谁喝，事先都不知道。因此，不论职务大小、性别年龄、肤色国籍，人人都有平等的机会，大家随遇而安，这是无我茶会“无尊卑之分”的精神体现。茶会上的茶具与泡法不拘一格，无地域之分，携带何种茶具、使用何种泡法均无限制。大家不分国籍、种族、老少、男女、职位，围坐在一起泡茶，共享一场美好的茶会。无我茶会从泡茶开始到结束，都不可以说话，席间不语以培养默契，体现团体律动之美，大家借此安静下来用心泡茶、奉茶、喝茶，时时自觉调整，约束自己、配合他人，使整个茶会保持安静祥和的气氛。

粤海茶会

二、茶会礼节

举办一场茶会，分三个阶段：茶会的准备；茶会进行；茶会结束。每个阶段有不同的礼节。

（一）茶会准备过程的礼节

1. 主办方应注意的事项

把茶会的时间、地点、茶会内容、形式以及参加茶会的一些注意事项提前告知嘉宾。

2. 出席人应注意的事项

（1）核实邀请的时间、地点，尽早回复对方是否出席，以表尊重。

（2）查看有无对服装等的要求，如没有特殊要求，客人的装束，从发型、服装样式到妆容等都应该遵循整齐、素雅的原则。

（3）不携宠物同行。

（二）茶会进行时的礼节

1. 主办方应注意的事项

（1）主办方应热情致辞欢迎应邀者的光临，并讲解清楚举办茶会的目的和内容。

（2）主泡人仪容仪表，遵守茶会礼节。特别注意头发要束齐，不可垂发。

（3）在客人就座后，先给宾客奉茶；斟茶时，要注意每杯茶水不宜斟得过满，七分满即可；茶会中要随时注意客人杯中茶水量，随时续茶。续茶人员动作要稳，说话声音要小，举止落落大方。

奉茶礼仪顺序：

先为客人上茶，后为主人上茶。

先为主宾上茶，后为次宾上茶。

先为女士上茶，后为男士上茶。

先为长辈上茶，后为晚辈上茶。

2. 出席人应注意的事项

（1）出席茶会，应正点或提前 5 ～ 10 分钟到达现场。

（2）抵达茶会地点，先将背包、外套等放在指定地方，放时衣帽不加于他人之衣帽上。

（3）过门不踩门槛，主动向主人问好。

（4）欣赏茶会环境、茶席、插花、摆设等。

（5）入座时长幼有序，若主人已安排好座位，对号依次就座；入座要轻柔和缓；坐姿端庄稳重，不可猛起猛坐，要轻松自如、落落大方。

（6）入座后手机调静音，茶会尽量不使用手机。

（7）桌上茶器，拿起放下要轻缓、柔和。除茶会所需用品外，其他不相关的东西，收入包内，或拿到别的地方放置。

（8）席间谈话，不道人之短，不说己之长，最好不谈与茶会无关的事；其次与同桌人交谈，不要只同一两人说话。邻座如不相识，可先自我介绍；他人正谈话，不在中间插言；不隔席谈话。

（9）品茶礼貌，应轻啜慢咽，仔细品尝。不宜声音过大及大口吞咽。

（10）茶会进行时，不能随意在茶会场地内随意走动。

（11）如有急事需提前退席，应向主人说明后悄悄离去，也可事前打好招呼，届时离席。

（三）茶会结束时的礼节

1. 主办方应注意的事项

（1）主人适时宣布茶会结束，并就茶会所达到的目的作简要的总结。起席告辞后，感谢各位的光临。

（2）主人送客人时，应站到门外，与客人一一道别，并再次感谢来宾的到来。

2. 出席人应注意的事项

（1）茶会结束时，不能放下茶杯马上起身离开，应等泡茶师向宾客致谢、道别，宾客回礼后，才起身告辞。

（2）到门口再和主人致谢告辞后，才转身离开。

（四）意外情况应注意的事项

茶会进行中，若不慎将茶倒翻且溅到邻座身上，先不要慌张，轻轻向邻座（向主人）说一声“对不起”，然后找到茶巾擦干或协助擦干，如不方便协助擦干，可直接把茶巾或纸巾递给宾客。

三、茶会策划书

策划书是对某个活动进行系统规划的文字书。举办活动前，如果有一个好的策划，实施起来事半功倍。做好茶会策划书，能让你有计划、有条理地实施接下来的工作，确保茶会能够顺利开展，不至于临到活动的时候或在活动现场出现手忙脚乱的情况。以下是茶会策划书的主要内容。

（一）活动主题

指活动的中心内容，比如：亲子茶会、周年庆茶会、中秋茶会等。

品鉴会卡片、茶席

（二）举办活动的目的和意义

就是用简洁明了的语句将办此活动的目的和意义要点表述清楚，在陈述目的要点时，应明确写出活动的核心或策划的独到之处。把活动目标具体化，并满足重要性、可行性、时效性的要求。

（三）活动时间、地点、参与人员

策划书上详细列出举办活动的时间、地点，以及组织人员、特邀嘉宾、参会嘉宾等。

（四）组织分工

1. 会务组

主要负责做好协调工作，维持现场秩序，协调活动期间各项事宜，来宾座位安排，会场布置等。

2. 秘书组

主要负责文案撰写，活动文件资料整理，礼品准备，请柬制作及发送，确认来宾名单，跟踪彩排流程等。

3. 宣传组

主要负责会展布置，茶会告示、指引牌、横幅、活动宣传资料的制作等。当主题选定后，围绕主题进行相关方案的撰写，然后拍宣传照，做海报，便于提前宣传。

4. 后勤组

主要负责各项活动物资的搬运工作，协助会务组进行会场布置，协助秘书组进行礼品茶品配置，吃住安排等。

茶会海报

（五）活动进程落实

可以制作一份活动进程明细表，见下表。

活动进程明细表

时间	项目	地点	工作概述	准备时限	负责人	组员

（六）场地布置

按照场地布置效果图，进行场地具体布置等。

（七）茶会流程

（1）茶会前：签到、净手、参观、入座。

（2）茶会间：

1）主办方致辞。

2）主题会，包括品茗、专家讲座、茶艺表演等。

3）自由交流，相互认识了解。

4）合影留念。

（八）经费预算

主要包括场地租赁、设备租赁、活动用品费用、餐费等。

（九）应急预案

为了保证茶会的顺利进行，及时应对突发事件，特制定应急预案，措施如下：

（1）现场指挥。专门由一个人现场监督检查问题，并及时解决。

（2）突出事件应急处置。在举办活动之前就制定相应的安全保卫工作方案和突发事故应急预案，比如遭遇停电事故、火灾事故、人身攻击等。

（3）遵循“安全第一”的原则，确保参加茶会人员的人身安全，如出现突发事故，应及时向相关部门报送信息，确保客观实际、准确无误、多角度提供信息。

（十）邀请函

邀请函的格式包括：

（1）标题。此次活动的主题标语。

（2）称谓。是对邀请对象的称呼。写明对方姓名、职务等，也可以用“先生”“女士”称呼。通常在前面加“尊敬的”之类的敬语。

（3）正文。是邀请函的主体。首先写明举办活动的缘由、目的、事项及要求，然后写明活动的日程安排、活动时间、活动地点和活动主要内容，并向对方发出诚挚的邀请。

（4）附加项。

1）参加茶会须知：着装要求，着宽松服装，保持身心舒适；不喷香水、保持安静、遵守拍照规则。

2）活动地址的导航说明，以便来宾更方便准确来到会场。如果是电子版邀请函，直接把导航链接放在里面，这样更便捷。

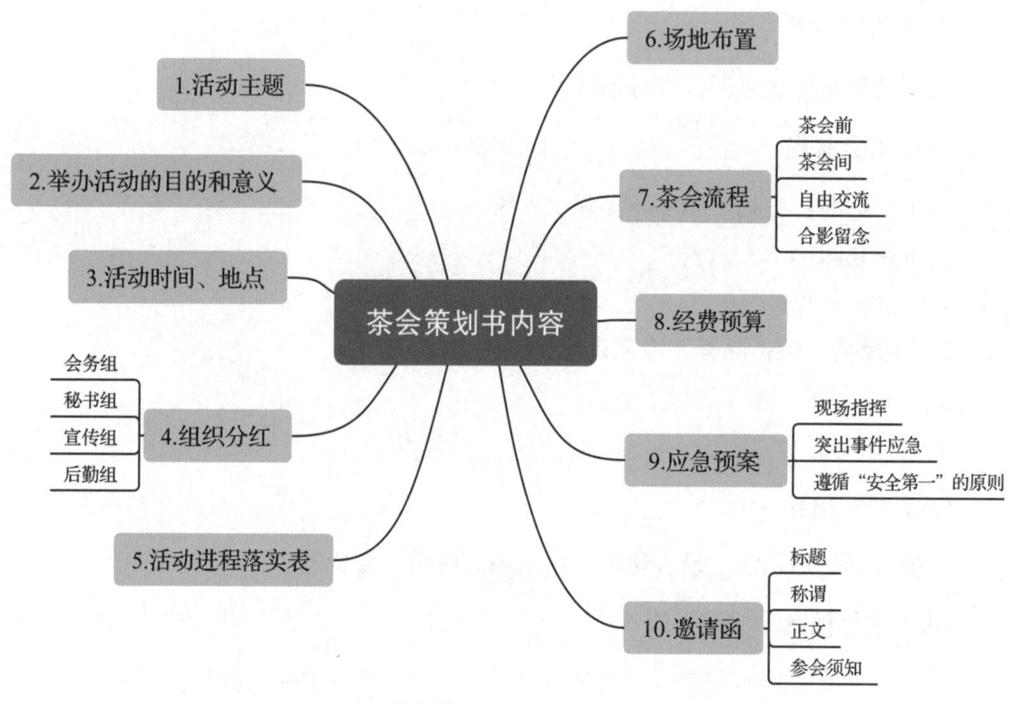
茶会策划书内容
1.活动主题
2.举办活动的目的和意义
3.活动时间、地点
4.组织分红
会务组
秘书组
宣传组
后勤组
5.活动进程落实表
6.场地布置
7.茶会流程
茶会前
茶会间
自由交流
合影留念
8.经费预算
9.应急预案
现场指挥
突出事件应急
遵循“安全第一”的原则
10.邀请函
标题
称谓
正文
参会须知

茶会策划书内容示意图

模块三 案例赏析

一、交流茶会赏析

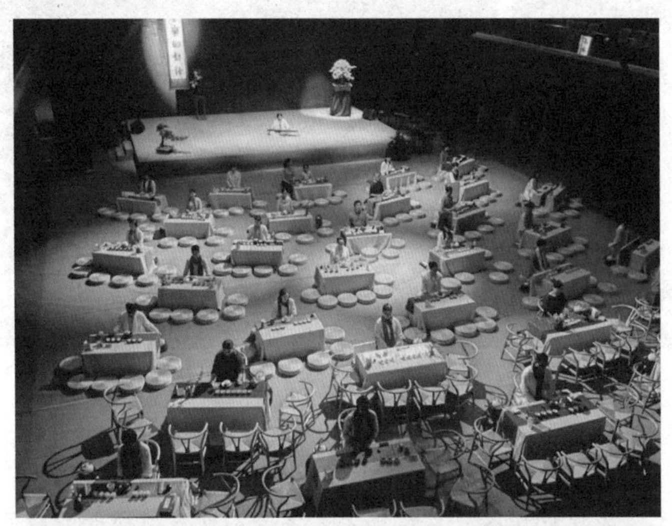

茶与乐对话

禅味——茶与乐的对话

著名音乐家、文化评论人、台湾佛光大学艺术研究所所长、台北书院林谷芳，组织两岸多名茶人、知名音乐人，在广州大剧院共同演绎“禅味——茶与乐的对话”茶会。大家一起论禅、品茗、赏乐，共此徐徐清风、朗朗明月。

本次茶会由林谷芳先生担任茶会主持人，就“禅与茶、茶与乐”引经据典、侃侃而谈，不同的茶品佐以风格相异的器乐与唱段，让人耳目一新。“山气氤氲，正乃茶灵气之所本，植于高山之茶或淡疏、或高远、或冷冽、或香逸，皆能让人有其丘壑……”随着林谷芳先生清雅柔软的语调，茶人缓缓地烹出了一杯杯清香台湾高山茶。笛家侯广宇吹起了《鹧鸪飞》，既得清远，亦见感怀，仿佛鹧鸪鸟在青山绿水间啁啾飞翔，对应了我们那逝去的青春年少。台湾高山茶汤碧绿透明，香气淡雅，就像生命的早年，年轻而盎然，充盈着让人羡慕的生命气息。

接着，南派古筝大师饶宁新与其子饶蜀行共同演绎了一曲《禅院钟声》。筝曲借禅院之名，意在隽永脱俗，和平宁静。演奏如诗如画、如泣如诉、感人肺腑，令听众领略南派乐韵的真谛。

接着，说唱家吟咏起诗仙李白的《送孟浩然之广陵》，别有一番风韵，茶人合着音乐节奏缓舒地烹茶，茶香渐淡，时间也将告别暮春，惜春亦爱春。

随后，一支《秦川抒怀》的笛曲，激越处既独具昂扬，缠绵处又摧人心肝，将我们带入了生命的壮年。来自大益的普洱生茶"金色韵象"也泡出了这个时节的颜色。生普以其茶种之自然条件入味，青绿而不失厚实，其味直接，常现个性。细细品味，这茶汤里面已经添加了光阴的故事，描抹出一片葱茏翠绿的夏景，正如青葱的岁月美好而令人留恋，只是我们无法阻止时间的脚步。激越昂扬的琵琶《霸王卸甲》送走了昨日的壮怀。一曲《平沙落雁》将我们带入了生命的中年。琴箫合奏，正中平和、大气委婉，借鸿鹄之远志，写逸士之心胸，对应了那云淡风轻的秋日。

这时的心境，正如一道醇和的普洱熟茶。普洱熟茶茶性浑厚而见陈韵，茶汤深褐色，是后发酵茶，其性温和，多适于养生，正如圆熟之生命，处处能予人涵咏。品着大益熟普"金针白莲"，愈陈愈香，想那人世沉浮、历史的起落、生命的轮转。

只是，秋色也要顺着时节作别，"长风万里送秋雁，对此可以酣高楼……抽刀断水水更流，举杯消愁愁更愁……"台湾说唱家吟咏了李白的名诗《饯别》，我们的心也随着诗乐氤氲出一丝悲壮之情。而一曲《高山流水》，既喻知音，又抒怀抱，将我们带入无限遐想的澄明天空。

用三种不同的茶来解读人生，颇有一番新意。禅主张明心见性，引导人们参悟自然界与人生的真谛，透过它，我们可以洗去日常烦恼，看清生命的意义。茶作为核心元素和纽带，连接了音乐、书画、茶席等艺术，寻找与音乐相通的属性。

饶有兴味的是，不同风格的音乐与茶性之间形成了巧妙的契合与呼应。高山流水为知音，茶亦须知音，茶会是不可重复的生命体验，茶与乐的相融相映，让每一位参与者的耳、鼻、舌、身、意都充分体会到了"若将耳听终难会，眼出闻声方得知"的东方禅茶世界。

茶会结束，大家意犹未尽，依依惜别。有观众感慨说："这是一场让人难忘而且回味无穷的茶会。茶会之中不仅有茶，还有乐、有禅，每一样都需要反复揣摩，慢慢体会。茶会不仅有味觉的美，还有空间视觉的美，茶席茶器造物的美，还有乐器戏剧流动的美，每一种美都博大精深，感染力超凡。"

茶是上天赐予人类的礼物，传统文化艺术是东方民族的智慧结晶。广东省茶文化促进会作为此次茶会的主办方之一，一直以来弘扬中华国饮传统文化，倡导"健康饮茶"的休闲生活方式，希望借此次两岸交流，把广东的茶文化推向一个更高的层次。

（资料来源：三十三号茶院.）

二、主题茶会赏析

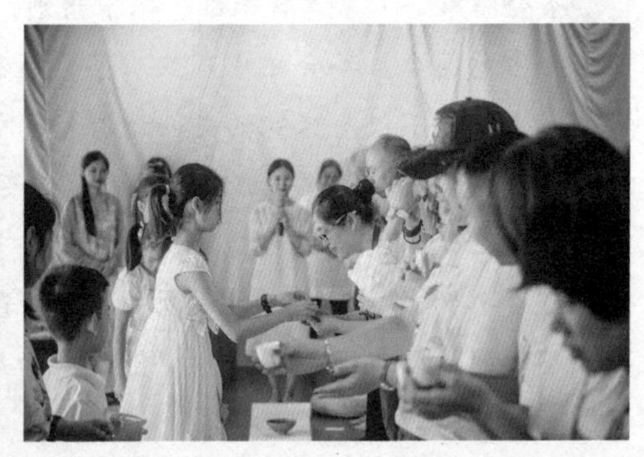

凉风雅集海报、卡片、品鉴会

凉风雅集——自天然，情愈真

广州市文化馆举办了一场亲子茶会。这堂茶会是一个结业茶会，在这场茶会之前，我们给孩子们上了三堂课，分别是《茶之识》《茶之情》《茶之美》，最后这堂结业茶会是《茶之雅》。

茶会设计如下：

【外场 | 白露游园】

桃树枝上挂满了题目，树下有伞，伞下蜡梅开游园，是按照曲折的动线在心里生出一个回廊，也让孩子玩闹的天性肆意释放。题目有深有浅，但每一个都有人知道答案。多么欢欣的时刻！

签到处，蜡梅净手，兰花相迎。这个台子是前序，也是氛围与借托。它是山的简化，是园林的简序，也是人文气氛的奠定，给了一个整体的语境。未走完一个园子，就已被它的气氛深深吸引，慢慢地静下来，越往深处，曲径通幽。

【内场 | 凉风造园】

速度切换着快慢，仿佛切换着记忆，光脚踏在地上，连接到东方的时空，表现出视觉的诗意。

时间，在这一刻重叠。顺着茶席延伸，顿然登临惠山茶会中的山川悠远。一纸生宣分开两边，来自宋朝的碗稳坐前端，孩子和父母，对坐于蒲团之上。山石青苔，造出一方小小天地，又在我们的意料之外，蕴生出一个自然的茶台。两处茶台各有风格，情境营造也各有定义，一种人与境共处的艺术泠然而生。

中国人的生活方式里有着长物的志趣，空间中的物品秩序，就是精神的样子。就当下而言，材料本身就是一场对话，因此在空间上没有多余的色彩，建构引领身体的徐徐而动。侧坐莓苔草映身—长满莓台之石，仿佛一个建筑的基座，一个带着历史与时间的基座。莓台之石，如裙摆，事先的一种攒劲，是要生出下面的一个动作。灯光打下来，将景德镇的蓝线白杯、紫砂壶、脂白的水方、手打的铜器都收拢了进去，凉风吹起，浓淡有光，映得那些简单式样的器物很是精致，桌上的脸也被这些光柔了肌肤美了颜，显得分外亲近。

茶会本是一种情态。斜向把山水引入茶席中来，用侧坐这种类似七分面的角度与姿态，切入时间的转角处。本身含蓄，如同被自然穿透，衣灌秋风，与山石同色，形影相照。

【对话：茶与乐、大人与孩子】

尽管候场时间很长，每一组还是静静地候场，次第落座，最后，用热烈的掌声迎来四位老师：叶秀梅老师、阮桂源老师、唐锦纬老师、王奕芬老师。

清风徐来，瀹茶的声音展开雅集之序，李仪小朋友代表所有同学展示学习成果，给四位老师敬茶。

海淇的小提琴独奏《荷塘月色》悠扬开场，阮老师主泡的花香英红九号，带领大家进入味觉的奇妙之旅。

宝丹、潼潼的语言艺术表演《鹅，鹅，鹅》俏皮可爱，道出了孩子们亲近自然的心声。

唐老师开泡高香的单丛茶，媛媛的葫芦丝《金孔雀轻轻跳》《马兰花开》；美奇的《声律启蒙》轻轻流淌。

奕芬老师重现了布置茶席的时刻，冲泡温暖的柑普茶致意白露的节气。孩子们回顾站、坐、行、奉茶、请茶的礼仪，给长辈行真礼敬茶。

李仪同学一曲《春光舞》，琵琶声淙淙潺潺，温柔清脆。

冲得恰好的茶中，有一种“成人达己”的心境，一种富足且有积极倡导意味的价值取向。文化的力量，润物无声的力量。思想的力量，永恒经典的力量。将自身融入风景区温润了空间，继而形成能量场。

知识就是这样，场合不同，时段不同，能量就不同。

最后，结业辞：

“祝贺你在广州市文化馆顺利愉悦地度过了为期四天的茶文化之旅。透过《茶之识》，你初步习得了有关茶树、茶种类的基础知识；透过《茶之情》，你初步领略了祖国茶山茶园的风情以及观摩了奶茶、姜茶、水果茶的精彩调配；透过《茶之美》，你初步感受到了专业的茶人礼仪与茶席美学；透过《茶之雅》，你和父母、老师、同学一起，面对面、心连心，奉献了一场宁静优雅的人文茶会。茶文化是中国传统文化的瑰宝。也许，从现在开始，你会在心里开始种下不断了解、传习中国茶文化精气神的种子。祝福你，从这里，打开了一扇属于中国人精神家园的大门。最后我们为你奉上一首唐代诗人卢仝的《七碗茶歌》，以此目送你，正式开启也许会横贯你一生的最美中国茶文化之旅。孩子们，成长快乐！”

主持人领读《七碗茶歌》，孩子们投入而坚定：

“一碗喉吻润，两碗破孤闷，三碗搜枯肠，唯有文字五千卷”；

“四碗发轻汗，平生不平事，尽向毛孔散”；

“五碗肌骨清，六碗通仙灵，七碗吃不得，唯觉两腋习习清风生。”

【回声 | 无限余韵】

回声仍在，合影为念，离别在即。

如果所有的完整变为形式的演绎，就失去了生命感。格外珍惜每个共创的时刻，将外形减成素简，让丰盛盈满内心。

小茶苗们，愿你们好好习茶，好好长大。

资料来源：茶叶星球.

三、品茗茶会赏析

虎啸春阳品鉴会

虎啸春阳　新品品鉴会

臻字号新品【虎啸春阳】产品发布会，臻字号董事长邱明忠、副总经理曹宇晖及华南地区经销商均出席现场，广州华南师范大学历史文化学院贺璋瑢教授作为特邀嘉宾出席。

文化解读：生肖历史源远流长　底蕴深厚

生肖作为中国独有的纪年方式，与每一位中国人息息相关，与生俱来，但生肖文化包罗万象，包含动物崇拜、氏族图腾、早期天文学等内容，最早可追溯到原始石器时代，臻字号特别邀请华南师范大学历史文化学院教授、博士生导师贺璋瑢教授出席茶会，并作生肖文化解读。

虎啸春阳设计创新：红金双虎　彰显王者风范

生肖茶饼作为臻字号长期固定的产品线之一，在本次具体的呈现中进行了大胆创新，在原有的设计上进行了全面升级，本次产品设计兼具传统虎形与祥纹元素，全线手绘，红金色彩映衬虎年生机勃发之运势。

一岁一味：无法复刻即是经典

在创新突破的同时，臻字号仍有对经典的传承与延续。臻字号制茶始终秉持“一山一味”，每年生肖茶均采用与往年所不同山头的古树茶，寓意“一岁一味　岁月永恒”——时间一旦流淌不可倒退，每一岁都是不可复制的记忆，这也是人们纪年纪时的意义所在。

【虎啸春阳】采用滑竹梁子古树纯料，虎为王，立于森林之巅，滑竹梁子正是西双版纳第一高峰，被人誉为“西双版纳屋脊”和“西双版纳之巅”。高山云雾出好茶，滑竹梁子常年云雾缭绕、雨水充沛，自然生态环境保护极好，故而茶汤饱满，数泡香气不绝。

品鉴过后，现场嘉宾赞不绝口，到场经销商踊跃订货，成功迎来【虎啸春阳】开门红。虎啸春阳——“一元复始　万象更新”，即是“敢于突破”并“创造未来”，森林之王，永远勇敢，永远昌盛，这也正是虎之所以长期为人所崇拜的魅力所在。

（资料来源：臻字号茶业有限公司 .）

素质塑造

一、统筹组织能力

作为一场茶会的策划者，要有灵活的协调能力，也要有良好的组织能力。因为一场活动，涉及的事项及人员非常多，不可能一个人完成，需要多人来配合，人多了，就需要很强的统筹组织能力，让不同部门的人员清楚自己所负责的事项。

二、协调沟通能力

作为茶会活动主办方，需要与邀请对象进行活动沟通，也需要与公司内部工作人员沟通，在活动执行的过程中，还要与其他人员沟通，如：与讲师、表演等各种各样人员的沟通。良好的沟通可以减少工作中的摩擦，能够调动各方面的工作积极性。

三、细致落实能力

活动策划需要很强的执行力。做一场茶会，往往时间是很紧凑的，每个活动的环节都很赶，一个环节接一下环节，活动方案写得再好，如果执行不下来，各方面不顺畅，就是不合格，所以需要提前把细节计划好，用强大的执行能力把它做下来。

四、合作共事能力

团队成员之间应建立相互信任的关系。相信自己，相信团队中的同伴，因为只有相互信任，相互依赖，善于协调，注重沟通，尊重他人，信任他人，才能充分发挥团队中每个人的最大优势，才能集中更多智慧，有了好的点子、好的建议，才能更快更顺利地完成活动。

五、总结提高能力

活动总结是举办茶会后必须做的一件事。每次做完活动后做一个总结，能够使我们从这个活动中发现活动的亮点与不足，在下次活动中就能吸取这次活动的教训，避免犯同样的错误。不断积累丰富的业务知识，提高技能水平，并在实践中加以检验，以科学的态度认真对待自己的职业实践，这样才能练就过硬的基本功，更好地适应相关茶艺工作。

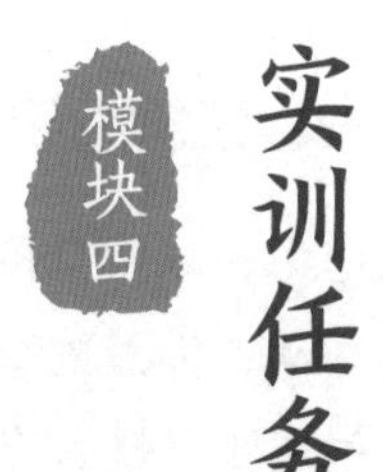

实训项目一：掌握茶会礼节

任务目标：掌握茶会礼节。

实训方法：教师示范讲解，学生分组练习。

实训内容：学生分组讨论，运用角色扮演法，每组派出 3 名学生分别扮演茶会主人、泡茶师、宾客，模拟演示茶会进行时应遵守的礼节，填写实训报告单。

实训报告单

实训项目：　　　班级：　　　组别：　　　学号：　　　姓名：

序号	角色	必填项目	
		应遵守的礼节（逐条列出）	原因（逐条说明）
1	茶会主人	1. 2. 3.	1. 2. 3. ......
2	泡茶师	1. 2. 3.	1. 2. 3. ......
3	宾客	1. 2. 3.	1. 2. 3. ......

实训时间：　　　年　　月　　日　　　　　　点评教师（签名）：

实训项目二：设计一场主题茶会，撰写茶会策划书

任务目标：在了解茶会相关知识的基础上，能够自行设计一场主题茶会，学会撰写茶会策划书。

实训方法：教师示范讲解主题茶会相关知识，学生分组练习，教师点评。

实训内容：（1）学生分组，每组挑选一个茶会主题；（2）针对不同的主题撰写茶会策划书。

实训项目三：自拟主题，组织一场茶会

任务目标：举办一场小型多主题茶会，锻炼学生的统筹组织能力、协调沟通能力、细致落实能力、合作共事能力。

实训方法：教师将主场交给学生，学生分组布置不同主题的茶会，采取竞技模式，学生当裁判，老师进行最终点评。

实训内容：学生分组自拟主题布置一场茶会，每组派代表上台做茶会文案阐述，然后进行茶会现场演示。

实训评分表

班级：　　组别：　　学号：　　姓名：

序号	测试内容	评分标准	配分	扣分	实得分
1	设计	茶会设计创意突出、新颖、有特色，整体效果好	20		
2	茶席	茶席设计精致、巧妙，符合茶会主题，且能衬托所泡茶叶类型	10		
3	席主	着装得体，端庄大方，符合整场茶会的氛围	10		
4	茶品	茶品的色、形、味与主题相呼应	10		
5	茶境	茶会环境好，干净整洁，意境优美	10		
6	茶艺	主泡和助泡的冲茶技艺准确、娴熟、符合茶性	20		
7	解说	茶会文案阐述简洁明了，能将茶会主题充分表现出来	20		
合计			100		

考核时间：　　年　　月　　日　　　　考评教师（签名）：

主要参考书目

［1］陈宗懋．中国茶叶大辞典．北京：中国轻工业出版社，2000.

［2］陈宗懋，杨亚军．中国茶经．上海：上海文化出版社，2017.

［3］屠幼英，胡振长．茶与养生．杭州：浙江大学出版社，2017.

［4］罗军．中国茶密码．北京：生活·读书·新知三联书店，2016.

［5］陈郁榕．细品福建乌龙茶．福州：福建科学技术出版社，2010.

［6］王明祥．茶味里的隐知识．台北：幸福文化出版社，2019

［7］茶的故事．好喝！3分钟爱上中国茶．南京：江苏凤凰科学技术出版社，2020.

［8］张琳洁．茗鉴清谈．杭州：浙江大学出版社，2017.

［9］朱自励．茶艺理论与实践．北京：中国人民大学出版社，2014.

［10］朱自励．饮茶与茶文化知识读本．广州：广东旅游出版社，2008.

［11］王迎新．人文茶席．济南：山东画报出版社，2017.

［12］王迎新．吃茶一水间．济南：山东画报出版社，2013.

［13］静清和．茶席窥美．北京：九州出版社，2015.

［14］乔木森．茶席设计．上海：上海文化出版社，2005.

［15］童启庆．影像中国茶道．杭州：浙江摄影出版社，2002.

［16］中国茶叶博物馆．话说中国茶．北京：中国农业出版社，2011.

［17］解致璋．清香流动：品茶游戏．台北：远流出版事业股份有限公司，2008.

［18］周文棠．茶道．杭州：浙江大学出版社，2003.

［19］余光悦．事茶淳俗．上海：上海人民出版社，2008.

［20］张丽娜．茶艺实训教程．北京：科学出版社，2018.

［21］中国就业培训技术指导中心．茶艺师（初、中、高级技能）．北京：中国劳动社会保障出版社，2019.

［22］李捷，杨文．中国茶艺基础教程．北京：旅游教育出版社，2017.

［23］施兆鹏．茶叶审评与检验．4版．北京：中国农业出版社，2010.

［24］刘启贵．茶叶审评师．北京：中国劳动社会保障出版社，2007.

附录一

学茶书单

[1] 陆羽．沈冬梅校注．茶经校注．北京：中华书局，2021.
[2] 陈宗懋．中国茶叶大词典．北京：中国轻工业出版社，2000.
[3] 赵佶．日月洲注．大观茶论．北京：九州出版社，2018.
[4] 吴觉农．茶经述评．北京：中国农业出版社，2005.
[5] 冈仓天心．茶之书．济南：山东画报出版社，2010.
[6] 陈宗懋．品茶图鉴．北京：中国友谊出版公司，2006.
[7] 罗军．中国茶密码．北京：生活·读书·新知三联书店，2016.
[8] 梁名志．普洱茶科技探究．昆明：云南科学技术出版社，2019.
[9] 石昆牧．经典普洱名词释义．昆明：云南科学技术出版社，2006.
[10] 叶汉钟，黄柏梓．凤凰单丛．上海：上海文化出版社，2009.
[11] 袁弟顺．中国白茶．厦门：厦门大学出版社，2006.
[12] 邵长泉．岩韵．福州：海峡文艺出版社，2017.
[13] 李曙韵．茶味的初相．合肥：安徽人民出版社，2013.
[14] 解致璋．清香的流动．北京：生活·读书·新知三联书店，2015.
[15] 王迎新．吃茶一水间．济南：山东画报出版社，2013.

茶叶纪录片

[1]《茶，一片叶子的故事》，2013.11.18 上映，导演：王冲霄。
[2]《茶马古道》，2011.10.1 上映，导演：周卫平。
[3]《茶叶之路》，2012.7.9 上映，导演：李德刚。
[4]《茶缘天下》，2013.2.23 上映，名誉总策划：张天福。
[5]《茶界中国》，2017.8.4 上映，导演：刘嘉。

附录二　相关评分表

茶叶审评表

班级：　　　　　　　姓名：　　　　　　　学号：

茶品名		外形				内质				总分
		形状	色泽	整碎	净度	香气	汤色	滋味	叶底	
	评语									
	评分									
	评语									
	评分									
	评语									
	评分									
	评语									
	评分									
	评语									
	评分									
	评语									
	评分									

考核时间：　　　年　　月　　日　　　　　　　　考评教师（签名）：

茶艺表演评分表

班级：　　　　　　　姓名：　　　　　　　学号：

序号	项目	要求和评分标准	分值	扣分标准	扣分	得分
1	礼仪仪表仪容（10分）	发型、服饰与茶艺表演主题相协调。	5	服饰穿着不端正，扣2分。 头发散乱，扣1分。 发型、服饰与茶艺表演主题明显不协调，扣2分。		
		神情、站姿、走姿、坐姿端正大方，操作规范，表情自然，具有亲和力。	5	视线不集中、目低视或仰视，表情不自如，扣2分。 站姿、走姿摇摆；坐姿不端正；有多余动作者，扣2分。 手势中有明显多余动作，扣1分。		

续表

序号	项目	要求和评分标准	分值	扣分标准	扣分	得分
2	茶席设计（20分）	茶具选配符合茶类要求，茶器具之间功能协调，材质、形态、色彩和谐。	10	茶具选配不符合该茶类要求。扣2分。 茶具缺少或多余，功能不协调，扣1分。 茶席选用材料的质地、形态、色彩等不协调，扣2分。		
		茶席布置有序、有美感，与茶艺主题相符，主题突出。	10	茶席布置无序与布景、服饰、音乐等色调、风格不搭配，扣4分。 茶席布置不协调，主题不突出，扣3分。 茶席有主题而缺少美感，扣3分。		
3	茶艺表演（30分）	根据主题配置音乐，具有较强艺术感染力。	5	音乐与主题不协调，扣2分。 音乐与主题基本一致，欠艺术感染力，扣1分。		
		冲泡程序契合茶理，投茶量适当，水温、水量及时间把握合理。	10	冲泡程序不符合茶理，顺序混乱，扣2～5分。 投茶量和水温不相符，过高或过低，扣2分。 冲泡动作夸张，多余动作多，扣3分。		
		动作适度、手法连绵、轻柔，冲泡程序合理，过程完整、流畅。	10	冲泡动作不连贯，中断或出错三次以上，扣5分。 冲泡动作能基本完成，中断或出错二次以下，扣3分。 表演技艺平淡，缺乏表情及艺术品位，扣1～2分。		
		奉茶姿态、姿势自然，言辞恰当。	5	奉茶时姿态不端正，扣2分。 未行伸掌礼，扣1分。 不注重礼貌用语，扣1分。 收回茶具次序混乱，扣1分。		
4	茶汤质量（20分）	茶汤色、香、味表达充分。	12	未能充分表达出茶色、香、味，扣12分。 仅能表达出茶色、香、味其一者，扣8分。 能表达出茶色、香、味其二者，扣4分。		
		茶汤适量，温度适宜。	8	茶汤过量或过少扣2分。 茶汤温度不适宜，扣3分。 茶汤浓度过浓或过淡，扣3分。		
5	解说（15分）	有创意，主题突出，讲解口齿清晰婉转，能引导和启发观众对茶艺的理解。	15	解说词缺乏创意、立意欠深远，无法引导理解茶艺，扣4分。 讲解不脱稿，扣2分。 讲解口齿不清晰，扣2分。 讲解欠艺术表达力，扣2分。		
6	时间控制（5分）	在15分钟内完成整套茶艺表演。	5	主题阐述时间超过3分钟，扣2分。 表演时间少于8分钟，扣3分。 表演时间超过1～3分钟，扣2分。 总时间超过20分钟，扣5分。		
总计						

考核时间：　　年　　月　　日　　　　　　考评教师（签名）：

茶席设计评分表

班级：　　　　　　　　姓名：　　　　　　　　学号：

序号	考核内容	评分标准	总分	扣分	总得分
1	茶品	茶品的色、形、味是否与主题相呼应	10		
2	茶器	茶器的质地、造型、色彩、大小及功能是否与茶叶搭配；布置是否合理	10		
3	挂画和背景	与主题、茶品、茶器是否呼应，是否有增加艺术效果	10		
4	铺垫	铺垫所用的质地、款式、大小、形状及花纹能否与茶器、茶品相搭配	10		
5	插花	花器形状、花材的搭配以及摆放的位置能否与茶席相呼应	10		
6	焚香	香品与香具选择是否适宜，是否达到丰富茶席内涵的作用	10		
7	相关工艺品	工艺品与茶席主器是否搭配，是否起到增加茶席艺术感的作用	10		
8	茶点茶果	与茶品及主题是否相宜；制作及样式是否精致	5		
9	音乐	是否与主题相宜，有助欣赏及体会茶席意境	5		
10	文案编写	格式是否符合要求；是否有原创性；表达是否清晰；文字是否简练	10		
11	茶席展示	动作、服饰、语言、音乐等是否协调，是否能将茶席主题及茶品的特性充分展示出来，给人以美的享受	10		
合计			100		

考核时间：　　　年　　月　　日　　　　　　　　考评教师（签名）：

后　记

中国是茶的原产地，是茶文化的故乡。茶，发乎神农，闻于周公，兴于唐代。中华茶文化融入了儒释道文化的哲学思想，蕴藏着中华民族“天人合一”的文化精髓，是中国传统文化的重要组成部分。在国人数千年茶叶品饮过程中，茶不仅仅是物质生活中必不可少的国饮，更是精神文化生活中精致风雅的一部分。随着当代科技与文化的发展，茶在人们的日常生活中愈益体现出不可或缺的价值和魅力。

本书将茶的基本知识、实践应用、技术操作融为一体，将其文化内涵贯穿始终，内容深入浅出。全书分为四篇，即茶叶篇、茶艺篇、茶席篇和茶会篇。读者通过本书可以较全面地了解和掌握茶的基础知识、茶的冲泡及品饮、茶席的设计及运用、茶会的策划及举办。每篇又分为四个部分，即知识讲解、技能实操、案例赏析及实训任务。本书内容丰富、图文并茂，具有较强的实用性与操作性。

为了使理论与实践紧密结合，本书针对每篇的内容配有精美的图片，让读者有更加直观的感受；同时在每篇的最后增加了实训任务，通过小组的实训可以使学生增加对所学内容的理解，激发学生对茶学、茶艺等的创新能力，从茶学与茶艺等角度提升学生整体的人文素养。本书不仅可作为中、高职院校学生传统文化选修课程辅助之用，也可作为茶文化入门者及爱好者日常学习之用。

本书由高级茶艺技师、评茶师王奕芬担任主编，负责拟定全书编写提纲和全书统稿工作。第一篇、第二篇由董方明编写，第三篇、第四篇由王奕芬编写。本书在编写的过程中，借鉴了众多前人的资料及研究成果，在此对原作者表示由衷的感谢。为了使各篇内容有更好的呈现，好友们毫不悭吝地提供了绘画作品及图片。在此，向陈洁、陈舒珊、阮桂源、罗素、三十三号茶院、喜悦汇、茶叶星球、臻字号等好友及企业一并致以诚挚的谢意。